我的手作

不織布 蔬菜 與 水果

可愛又寫實的擺飾＆玩具！

felt work
CONTENTS

蔬菜
VEGETABLES

水果
FURUITS

餐點組合
MEAL SET

點心
SWEETS

蔬菜 VEGETABLE

一起製作圓滾滾的、細細長長的、凹凹凸凸或者表面粗糙的……
看上去超級可愛的蔬菜夥伴吧！
從蒂頭、整體外觀到葉脈都仔細觀察一下吧！

果實部分由四片不織布
組合縫製而成。

蒂頭周圍繡上一圈毛邊縫。

番茄 ●tomato
聖女番茄 ●petit tomato

HOW TO MAKE➜ P.54

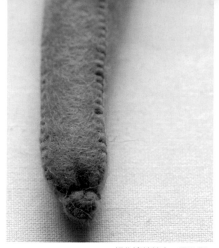

以米色繡線來表現刺疣。

小黃瓜 ●cucumber
帶莢豌豆 ●snow peas

HOW TO MAKE➔ P.55

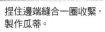

捏住邊端縫合一圈收緊，
製作瓜蒂。

深色和淺色共10片
不織布交錯縫合。

洋蔥 ●onion

HOW TO MAKE➔ P.56

塞入棉花之後，以
縫線穿過前後片再
收緊打結，製作出
凹凸感。

馬鈴薯 ●potato

HOW TO MAKE➔ P.56

組裝縫合各別完成
的5瓣蒜片。

大蒜 ●garlic

HOW TO MAKE➔ P.57

紅蘿蔔 ●carrot

HOW TO MAKE➔ P.58

蕪菁 ●turnip

HOW TO MAKE➔ P.59

預留長一點的繡線來表現蘿
蔔根鬚，令整體看來更真
實。

以直至前端尖處皆為
一體成型的部件縫合
而成。

白蘿蔔 ●Japanese white radish

HOW TO MAKE➔ P.60

葉柄主脈放入魔帶，可以
自由彎折方向。

青蔥 ●naganegi

HOW TO MAKE➡ P.61

塞滿棉花使其飽滿挺立。於根部
使用米色縫線，表現出土壤殘留
的感覺。

牛蒡 ●burdock

HOW TO MAKE➡ P.61

最後在表面進行有一處沒一
處的縫合，製作出凹凸不平
的質感。

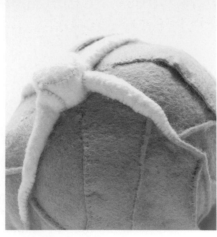

玉米 ●corn

HOW TO MAKE➡ P.62

高麗菜 ●cabbage

HOW TO MAKE➡ P.63

玉米粒的部分，先製作出長條形部件，再以縫線收束出玉米粒形狀。

菜芯和葉脈縫出鮮明輪廓，使其更接近實物。

以蒂頭為中心，在周圍縫上6瓣。

南瓜 ●pumpkin

HOW TO MAKE➜ P.64

底部呈對角線縫合固定。

香菇 ●shiitake

HOW TO MAKE ➔ P.57

將細密平針縫後的蕈蓋部件覆蓋在
香菇柄上,再拉緊縫線做出柔軟的
蕈傘。

邊端接縫一小塊奶油色不織
布，看上去更接近實物。

切半的番薯要在切口處搭配厚紙板，
製作出俐落下刀的切面。

番薯&切半番薯 ●sweet potato

HOW TO MAKE➔ P.65

還原出番薯圓潤的可愛模
樣。

青椒 ●green pepper

HOW TO MAKE ➜ P.66

斷面處加上厚紙板和迴紋針。

彩椒 ●paprika

切半彩椒 ●cut paprika

HOW TO MAKE ➜ P.66、67

葉柄裡面加了形狀保持材。

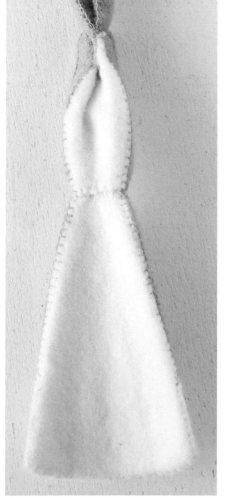

呈現漂亮圓弧狀的祕密在於內裡加了牛奶盒。

芹菜 ●celery

HOW TO MAKE➔ P.68

栗子 ●chestnut

HOW TO MAKE➔ P.69

栗子需要縫製的部件只有3片不織布。外型小巧且作法簡單,十分可愛。

青花菜 ●broccoli
花椰菜 ●cauliflower

HOW TO MAKE➔ P.69

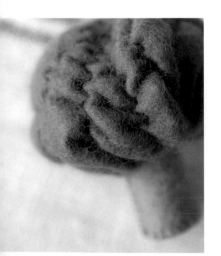

細密平針縫後拉緊縫線,
製作出凹凸感。

加上圓圓的種子，看上去更像酪梨了。

仔細觀察切半酪梨的漂
亮配色。

酪梨 ●avocado
切半酪梨 ●cut avocado
HOW TO MAKE➔ P.70

水果 FRUITS

甜美多汁又鮮豔欲滴的水果。
懷著愉悅心情縫下一針又一針，
彷彿能聞到水果的香甜氣味呢！

在完全縫合所有果實部件
之前，先插入果梗。

蘋果 ●apple

HOW TO MAKE ➜ P.71

切半蘋果 ●cut apple
兔子蘋果 ●apple

HOW TO MAKE → P.71

經典的兔子蘋果。

讓果核的部分略為凹陷，
看上去會更像真的蘋果。

21

重點是在邊端縫上一小塊黃綠色不織
布作為蒂頭。

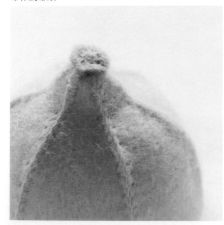

檸檬 ●lemon

切半檸檬 ●cut lemon

HOW TO MAKE ➔ P.72

切面交織繡線。

奇異果 ●kiwi
切半奇異果 ●cut kiwi

HOW TO MAKE➔ P.73

在邊端另外縫上一小塊部件,做出真實感。　　　切面部分也仔細還原出細節。

輕巧地縫上小小的蒂頭。

橘子 ●mikan

HOW TO MAKE ➜ P.78

縫得稍微扁平一點而非圓球狀，
看上去會更像橘子。

以繡線覆蓋香蕉邊端縫合間隙。

根部附有魔鬼氈，做成可以剝開香蕉皮的設計。

香蕉 ●banana

HOW TO MAKE➜ P.74

西瓜 ●watermelon

HOW TO MAKE ➔ P.75

西瓜皮搭配裁成條紋狀的不織布拼縫而成。

西瓜籽以雛菊繡縫製而成。繡的時候留心籽的朝向要不規則分散。

底部不織布部件也需仔細縫上。

鳳梨 ●pineapple

HOW TO MAKE → P.76

果目部分並非一體成形，要注意整體平衡一一接縫。

切半芒果 ●cut mango

HOW TO MAKE➔ P.77

芒果皮的內層加了透明資料夾,如此一來便能像真的芒果那樣將果肉外翻。

切片哈密瓜 ●cut melon

HOW TO MAKE➜ P.78

哈密瓜果皮上的網紋,是在留
意整體協調的前提下,以直針
繡隨意繡出不規則紋路。

葡萄 ●grape

HOW TO MAKE➜ P.79

柿子 ●persimmon

HOW TO MAKE➜ P.79

用果梗營造出可愛感。

水梨&切半水梨 ●nashi
HOW TO MAKE➜ P.80

西洋梨&切半西洋梨 ●pear
HOW TO MAKE➜ P.80

曲線特殊的西洋梨外形。

餐點組合 MEAL SET

讓人從中享受到搭配樂趣的餐點組合，
可以自由夾取與盛裝。
不知道今天吃什麼好呢？

切片番茄、火腿、起司
在鏤空的紅色不織布背面縫上橘紅色不織布來呈現番茄切面。

荷包蛋、吐司
用米色線在蛋白邊緣縫上一圈,營造出蛋白微焦的感覺。

切片小黃瓜、萵苣
萵苣的葉脈不要完全筆直,可以稍微歪扭一些增加生動感。

三明治 ●sandwich

HOW TO MAKE → P.81、82

漢堡套餐

●hamburger set

HOW TO MAKE ➡ P.83〜85

杯裝飲料
飲料有柳橙汁、哈密瓜汁、可樂等口味可以選擇。

炸薯條
薯條盒也可以製作。

漢堡麵包(上)
塞入棉花讓形狀變成半圓形，接著再繡上芝麻。

漢堡麵包(下)
加上厚紙板可令切面顯得平整。

漢堡肉
以色鉛筆在漢堡肉上面畫上更顯可口的微焦色澤。

切片番茄
加上米色不織布種子，點綴出水潤多汁的感覺。

荷包蛋
圓圓的可愛荷包蛋有一點厚度，會更接近實物。

萵苣
清脆多汁的，萵苣葉脈細節也如實還原。

起司
只要縫合兩片方形不織布即可完成的簡單作法。

酸黃瓜
外側加上色調略暗的深綠色，呈現出酸黃瓜的外觀特徵。

三角飯糰便當 ●lunch box

HOW TO MAKE➔ P.86、87

三角飯糰
以海苔來遮蓋飯糰部件組合在一起的接縫處。

熱狗
斜向的鏤空切痕搭配毛邊縫進行收邊。

玉子燒
周圍的毛邊縫使用深米色縫線來表現微焦色澤。

牛肉捲

捲在裡面的四季豆和紅蘿蔔也要仔細製作。

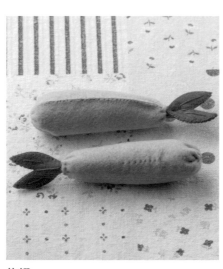

炸蝦

一側縫上細針目平針縫再稍微拉緊縫線，藉以營造出炸蝦的自然弧度。

煎餃

先對摺並縫出餃子皮上的波浪摺，再於疊合邊緣縫上毛邊縫。

點心 SWEETS

小朋友最喜愛的香甜可口小點心。
請挑選顏色看上去很美味的不織布，
試著動手做做看吧！

裝飾用的奶油，用細密平針縫
一條一條地縫出表面紋路。

草莓蛋糕 ●shortcake

HOW TO MAKE ➜ P.88

草莓 ●strawberry

HOW TO MAKE ➜ P.88

可愛草莓表面的
顆粒也細心重現。

鬆餅 ●hotcake

HOW TO MAKE→ P.88

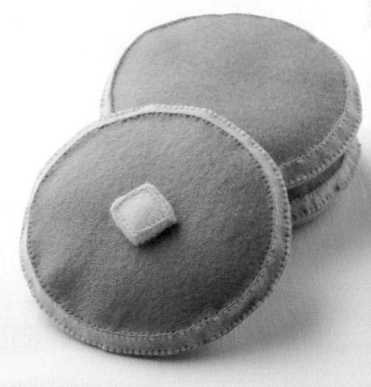

圓潤可愛的鬆餅，
只有最上層才放上奶油。

甜甜圈組合 ●donut set

HOW TO MAKE➜ P.89〜93

另一側有著甜甜圈圖案。

甜甜圈盒

利用牛奶盒製作而成的盒子。尺寸剛好可以收納所有甜甜圈。

法蘭奇
有原味和淋巧克力兩種口味。

吉拿棒
為了做出真實的紋理曲線,在裡面放置形狀保持材。

波堤
為了製作出圓潤飽滿的可愛波堤,棉花要塞滿一點。

蜂蜜黃金圈
在烤得金黃蓬鬆的蜂蜜黃金圈上面,以色鉛筆描繪焦黃色澤。

歐菲香
獨特表面凹凸粗糙的可愛歐菲香。請仔細參照拼合方法,試著做看看。

冰淇淋 ●ice cream

HOW TO MAKE➔ P.94

甜筒 ●waffle corn

HOW TO MAKE➔ P.95

冰淇淋和甜筒之間放置磁鐵，避免散落。

冰淇淋以7片不織布組合成圓球狀。

甜筒的縫製重點在於網格要呈正方形。

實際製作之前

基本工具和材料

剪刀
因為小部件較多，選用銳利易剪的小巧手工藝用剪刀會較為便利。

針
請準備手縫針和珠針。

錐子
用來做記號或是鑽孔。

磁鐵&工藝白膠
強力磁鐵（左）作為製作材料用。木工用白膠用來黏貼厚紙板、不織布。萬用白膠則用來黏貼不同材質的素材。

透明膠帶
將紙型固定在不織布上時使用。

鑷子
將棉花塞入細小部件時使用。

不織布
一般的20cm正方形不織布。請選擇自己喜歡的顏色。

線
使用60號車縫線縫合部件。使用25號繡線繡縫紋樣。

棉花
一般手工藝用的化纖棉。

形狀保持材
塑膠材質的塑型用線材，類似鐵絲可以自在彎曲。本書使用厚1.4寬2mm的定型線。

魔帶
包裝或園藝上常會用到的封口束帶。作為蔬菜莖梗軸心等用途。

厚紙板
A厚紙板…厚度0.7mm左右的厚紙板。
B牛奶盒
C瓦楞紙…零食包裝盒程度的厚度即可。

紙型的描繪方法&裁剪法

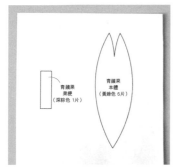

1　影印紙型。

2　裁下紙型後，用透明膠帶將紙型貼在不織布上。

3　沿著紙型裁剪不織布。

刺繡方法

（毛邊縫）

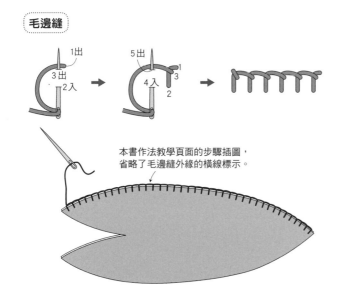

本書作法教學頁面的步驟插圖，省略了毛邊縫外緣的橫線標示。

（直針繡）

※連續繡縫時

（雛菊繡）

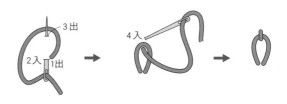

縫到一半繡線不夠時

1　剩餘的繡線不多時，請先將針穿入後片不織布，在內側打結後裁剪繡線。

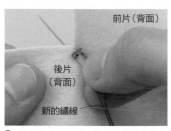

2　縫針穿上新繡線，從之前最後穿入的後片針孔處下針。

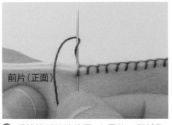

3　繡線繞到前片位置，在最後一個針孔處再次出針，拉起繡線總繞縫針一圈，繼續縫下去。

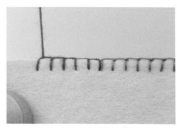

4　新繡線的第一針需與前一針重合。

來試著製作青蘋果吧！ ※此處改變縫線粗細和顏色以利辨認與理解。

準備

1　參考P.71裁剪本體6片與果梗軸心1片。

接縫本體

2　車縫線末端打結，自本體前方入針、後方出針。車縫線結需拉緊。

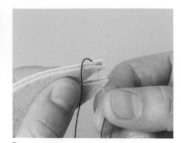

3　前側重疊另一片本體夾住打結處，出針位置同步驟2。

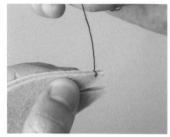

4　拉緊縫線。

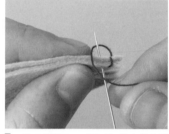

5　往左邊約2mm處入針，針尖繞上縫線。

6　抽出縫針並拉緊縫線。

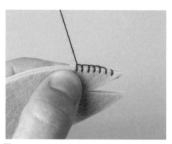

7　重複步驟5和6縫合至本體末端。

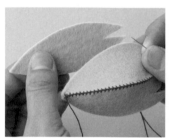

8　縫至末端後，從後側重疊第3片本體。

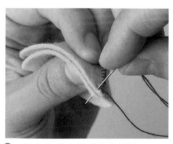

9　縫合第2片和第3片本體前沿。

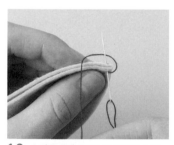

10　在稍微與步驟9交錯的位置入針，針尖繞上縫線。

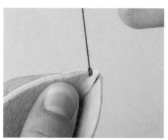

11　抽出縫針並拉緊縫線。這樣就會變成雙層縫線。

12　縫合至末端後，從第2片內側出針。

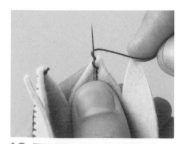

13　緊貼不織布打結，剪掉多餘縫線。

14　3片本體接縫完成。

15　從後側重疊第4片，依同樣的步驟縫合至第6片為止。

16　最後將第6片和第1片重疊。

縫合底部

17 疊合第1片和第6片先縫上2針，這樣底部才可以縫得漂亮。

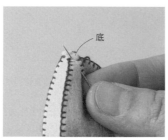

18 下針回到底側。

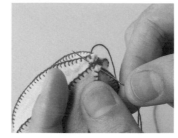

19 不織布末端以縫合對角線的方式各入數針，令縫線呈☆狀交錯。

20 拉緊縫線閉合底部。

21 縫針回到步驟17縫製的第2針處，接續縫合至完成。

22 本體6片接縫完成。

製作果梗軸心

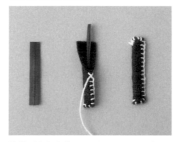

23 剪去魔帶兩側的塑膠部分，放入對摺合攏的不織布內，以毛邊縫縫合。

縫合上側

24 一邊縫合本體的牙口處，一邊往裡面塞棉花。

25 用縫合最後一處牙口處的縫線，接著縫合上側。

26 同底部縫合方法，於不織布邊端以縫合對角線方式各入數針，令縫線呈☆狀交錯。

27 在中心處插入果梗後拉緊縫線，接著用縫針穿過果梗數次縫合固定。

整理形狀

28 從上側中心往底部中心出針。

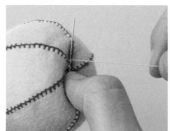

29 拉緊縫線，調節至上側中心內凹。

30 以拇指按壓在底部凹陷的同時拉緊縫線，牢牢打結固定形狀。

31 從稍遠處出針，剪斷縫線即完成。

完成！

製作要點小講堂

馬鈴薯表面的凹凸感　PHOTO→ P.6

1 用末端打結的縫線穿過想要呈現凹陷感的地方。

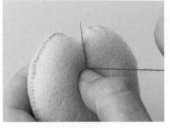

2 另一側出針後也拉緊縫線，以拇指壓緊出針處再打上一個結。

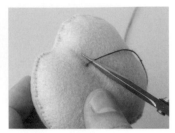

3 貼近打結處剪斷縫線。

4 觀察整體協調性，製作出有深有淺的凹凸感。

玉米粒　PHOTO→ P.12

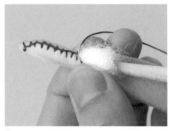

5 對摺製作玉米粒的不織布後，一邊進行毛邊縫一邊塞入少許棉花。

6 注意根部必須平整縫合。

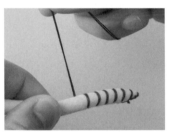

7 在表面繞線後，往下側縫一針固定，即可製作出顆顆分明的玉米粒。

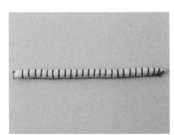

8 盡量製作寬度一致的縫目，共縫製11條玉米粒。

切半蘋果的果核種子　PHOTO→ P.21

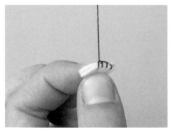

1 以毛邊縫接縫果核凹陷處的兩片不織布部件。

2 蘋果切面部件中央挖空。

3 洞口疊放果核凹陷處部件，以毛邊縫縫合一圈。

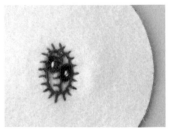

4 從果核凹陷處部件背面縫上種子。

萵苣葉脈　PHOTO→ P.32、34

1 對摺不織布，一邊用手指抓起葉脈部分，一邊進行細針目平針縫。

2 最後朝著山摺處縫合，於背面打結固定。

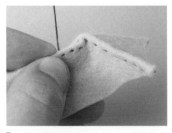

3 其他葉脈也都各自做出山摺並進行細針目平針縫。

4 縫合時需注意整體協調性，使其呈現自然的山樣。

切半芒果的果肉　PHOTO➔ P.28

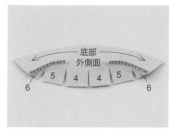

1 縫合果肉「內側・外側面和底部」的牙口部分。

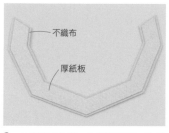

2 在果肉「內側・上面和切面」的不織布背面貼上尺寸小2mm的厚紙板。

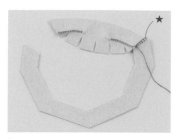

3 步驟1和2背面相對疊合，先縫合★處。

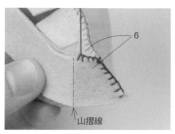

4 接縫編號6的部分，參考紙型的摺疊方法從正面摺出山摺。

5 要接縫編號5之前，先從背面摺出谷摺。

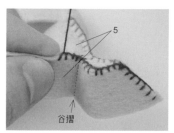

6 接縫編號5的部分。

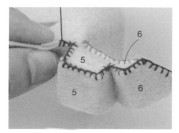

7 重複「接縫相同編碼處並摺出摺線」的步驟。

8 貼有厚紙板的不織布成為上側。在各塊果肉間塞入棉花的同時，縫合「內側・內側面」，即可完成內側部分的一排果肉部件。

冰淇淋甜筒　PHOTO➔ P.42

1 本體直向對摺，以珠針固定。

2 從邊端至邊端進行細針目平針縫。

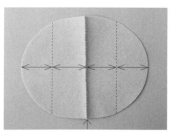

3 以縫合的線為基準分為左右兩側，在右邊1/2對摺處進行細針目平針縫，其右邊也再次對摺與細針目平針縫。左側也依同樣方法縫製。

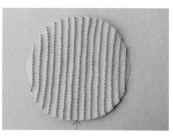

4 兩側各縫製7條，全部共15條。

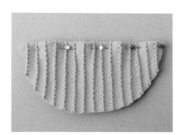

5 改為橫向對摺並以珠針固定。

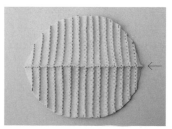

6 從邊端至邊端進行細針目平針縫。直向縫線的部分則以手捏住讓針從中穿過。

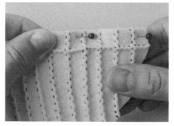

7 以步驟6的縫線為基準調整摺疊高度，使其呈正方形網格狀，依序往下縫製。

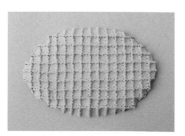

8 整體共縫製9條。

切半彩椒

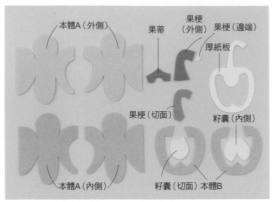

果蒂　果梗（外側）　果梗（邊端）
本體A（外側）　　　　　厚紙板
果梗（切面）
籽囊（內側）
本體A（內側）　　籽囊（切面）本體B

1 裁剪厚紙板和不織布，準備好所需部件。

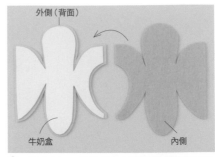

外側（背面）
牛奶盒　　　　　　　內側

2 尺寸小2mm的牛奶盒上塗抹白膠黏到本體A（外側）上面，再將本體A（內側）疊上去縫合周圍。

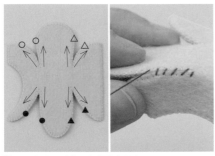

3 沿合印記號背面相對疊合縫製。

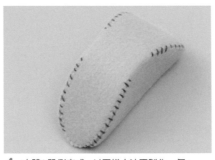

4 本體A單側完成。以同樣方法再製作一個。

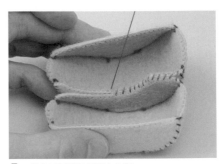

5 疊合2個本體A並縫合內側。

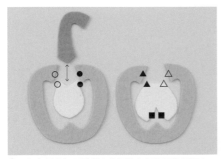

6 各自對齊切面外側和內側的合印記號進行縫合。

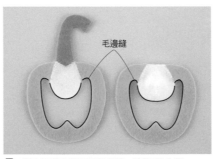

毛邊縫

7 配合不織布顏色選用縫線，接縫2片內側。

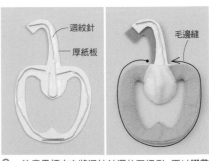

迴紋針
厚紙板
毛邊縫

8 注意果梗方向將迴紋針擺放至裡側，再以膠帶固定到厚紙板上。厚紙板套入步驟7之中，縫合周圍並塞入棉花。

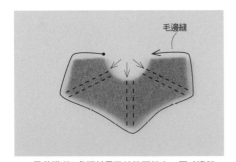

毛邊縫

果蒂進行3處細針目平針縫再縫上一圈毛邊縫，接縫外側果梗根部。

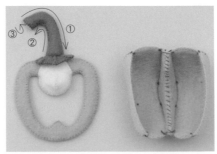

③　①
②

10 果梗（外側）和果梗（切面）外側縫合（①），接著縫合內側（②）。一邊塞入棉花一邊縫合果梗邊端（③）。圖為切面和本體A的完成狀態。

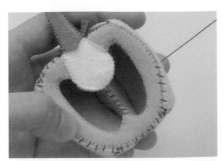

11 籽囊凸面朝內接縫本體。果蒂縫上數針接縫固定至本體A。

飲料杯蓋

PHOTO→ P.34

杯蓋側面

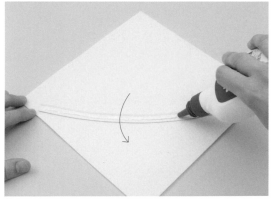

1 用膠帶將形狀保持材順著厚紙板杯蓋側面弧度黏貼固定，再用雙面塗上白膠黏貼到不織布中心處。

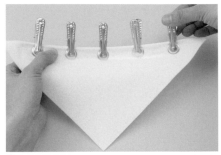

2 沿著弧度貼牢，以強力夾固定直到白膠完全乾燥。

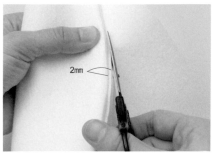

3 翻開不織布分兩次裁剪，每面皆沿著厚紙板邊緣往外推2mm剪裁。

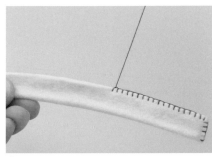

4 略掉摺雙側，以ㄇ字型縫合外圍一圈。對齊始縫處和止縫處圍成一個圓圈，讓形狀保持材落在內側後進行縫合。

吸管插口

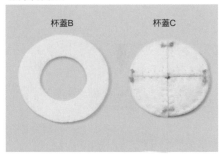

5 接縫4片吸管插口部件（杯蓋C）。（此處為便於解說辨識，改用顏色&粗細明顯的縫線）

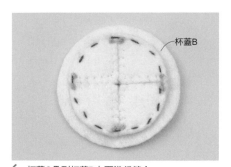

6 杯蓋C疊到杯蓋B上面進行縫合。

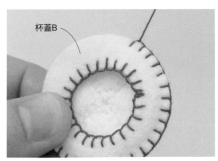

7 另一片杯蓋B內側先縫上一圈毛邊縫，與步驟6疊合以後縫合外側。

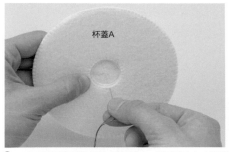

8 以厚紙板為紙型裁剪2片不織布。用不織布包夾厚紙板並以白膠黏貼固定，縫合內外側完成杯蓋A，接著疊放上步驟7，從杯蓋B的背面出針。

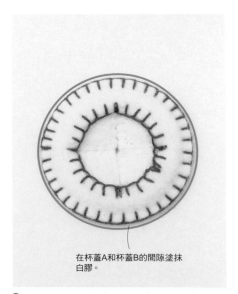

在杯蓋A和杯蓋B的間隙塗抹白膠。

9 杯蓋A和杯蓋B縫合4處。以牙籤沾取少量白膠塗抹到兩者之間黏著固定。接著在杯蓋A外圍塗上白膠，嵌到步驟4裡固定住。

歐菲香的組合方式

PHOTO→ P.40

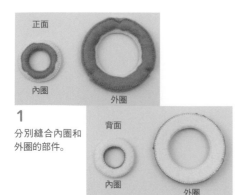

1 分別縫合內圈和外圈的部件。

2 從外圈側面入針,上面出針。

3 緊挨著從旁入針,挑起不織布後出針,拉緊縫線製作出凹凸感。

4 鋸齒狀運針縫合一圈,完成後於側面打結固定。

5 將內圈嵌入外圈,以斜針縫接縫本體。

6 內側面縫合為輪軸狀(a),接著縫合下片(b)。

7 厚紙板貼上不織布,製作底座。在步驟5的背面塗上白膠,黏貼到底座的不織布上。

8 步驟7套到步驟6上方,以斜針縫將內側面的上側(c)接縫至內圈上。

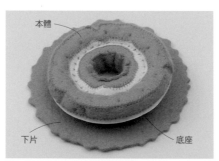

9 由下而上依序為下片、底座、本體。下片和底座之間有點空隙也沒關係。

10 下片外圍縫上一圈細針目平針縫,再順著本體輪廓拉緊縫線。

11 翻至背面平均塞入棉花。

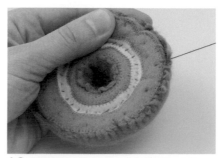

12 再次翻回正面,以斜針縫接縫下片和本體。

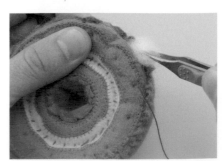

13 一邊縫合側面一面塞入棉花進行調整。最後拆除細針目平針縫線。

HOW TO MAKE

· 示意圖中若無特別指定，其單位皆為 cm。

· st. ＝縫繡之意。

· 本書使用到的縫法、刺繡方法，請參考 P.45。

番茄　PHOTO➡ P.4　紙型➡ A面

材料（1個份）
・不織布⋯紅色15×10cm
　　　　　綠色5×5cm
・車縫線⋯紅色・卡其色
・棉花

聖女番茄　PHOTO➡ P.4　紙型➡ A面

材料（1個份）
・不織布⋯紅色5×5cm
　　　　　綠色2×3cm
・車縫線⋯紅色・卡其色
・棉花

【番茄】

1　製作本體

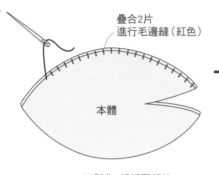

疊合2片
進行毛邊縫（紅色）

本體

※製作2組相同部件

以毛邊縫（紅色）接縫2組部件

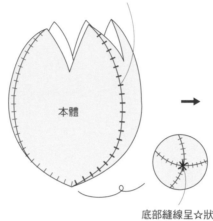

本體

底部縫線呈☆狀
交錯縫合（紅色）

以毛邊縫（紅色）
接縫牙口處

縫到一半
塞入棉花

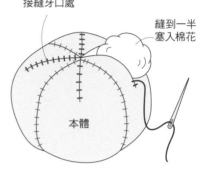

本體

2　製作果蒂・果梗

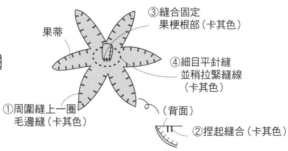

果梗

橫向對摺
並進行毛邊縫
（卡其色）

果蒂

③縫合固定
果梗根部（卡其色）

④細目平針縫
並稍拉緊縫線
（卡其色）

①周圍縫上一圈
毛邊縫（卡其色）

（背面）

②捏起縫合（卡其色）

3　本體縫上果蒂・果梗

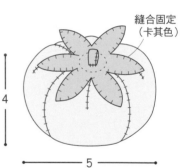

縫合固定
（卡其色）

4

5

【聖女番茄】

1　製作本體

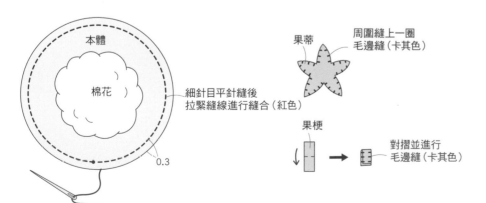

本體

棉花

細針目平針縫後
拉緊縫線進行縫合（紅色）

0.3

2　製作果蒂・果梗

果蒂

周圍縫上一圈
毛邊縫（卡其色）

果梗

對摺並進行
毛邊縫（卡其色）

3　本體縫上果蒂・果梗

縫合固定
（卡其色）

2

2.2

小黃瓜　PHOTO➡ P.5　紙型➡ A面

材料（1個份）
・不織布…黃綠色（或深綠色）10×6cm
・車縫線…卡其色（或深綠色）
・25號繡線…米色
・棉花

帶莢豌豆　PHOTO➡ P.5　紙型➡ A面

材料（1個份）
・不織布…綠色5×3cm
　　　　　黃綠色2×1.5cm
・車縫線…卡其色
・棉花

【小黃瓜】

1　縫合側面2片

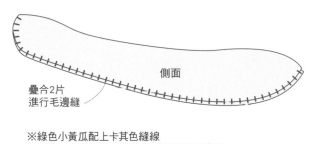

疊合2片
進行毛邊縫

側面

※綠色小黃瓜配上卡其色縫線
　深綠色小黃瓜配上深綠色縫線進行毛邊縫

2　接縫側面和上面，塞入棉花

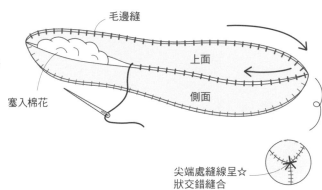

毛邊縫

上面

側面

塞入棉花

尖端處縫線呈☆
狀交錯縫合

3　組合

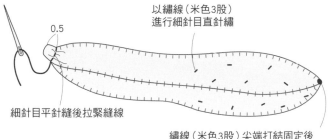

0.5

以繡線（米色3股）
進行細針目直針繡

細針目平針縫後拉緊縫線

繡線（米色3股）尖端打結固定後
繡上數針細針目直針繡，打結後裁剪縫線

1.5

9

【帶莢豌豆】

1　縫製帶莢豌豆的豆子

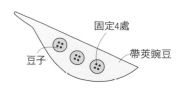

豆子

固定4處

帶莢豌豆

※左右對稱各製作一片

2　接縫2片帶莢豌豆

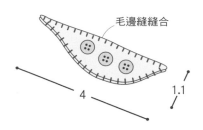

毛邊縫縫合

4

1.1

洋蔥　PHOTO→ P.6　紙型→ A面

材料（1個份）
・不織布…芥末黃深淺色各10×10cm
・車縫線…深米色
・棉花

馬鈴薯　PHOTO→ P.6　紙型→ A面

材料（1個份）
・不織布…米色8×16cm
・車縫線…米色
・25號車縫線…米色
・棉花

【洋蔥】

1 接縫深淺色不織布

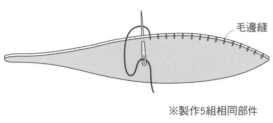

毛邊縫

※製作5組相同部件

2 接縫5組

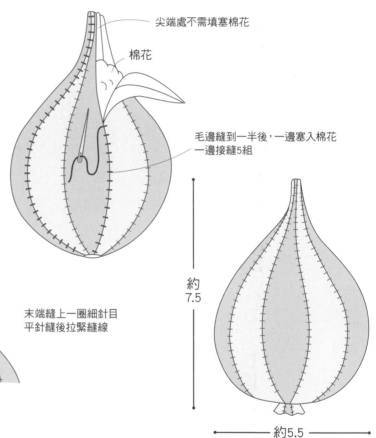

尖端處不需填塞棉花

棉花

毛邊縫到一半後，一邊塞入棉花一邊接縫5組

約7.5

約5.5

3 底部和末端進行縮縫

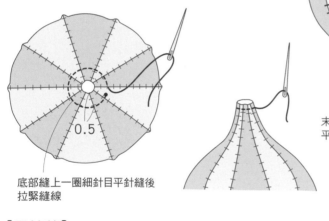

0.5

底部縫上一圈細針目平針縫後拉緊縫線

末端縫上一圈細針目平針縫後拉緊縫線

【馬鈴薯】

1 接縫2片

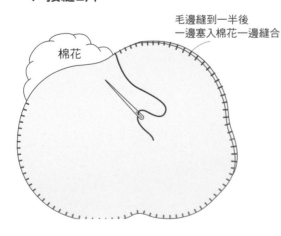

棉花

毛邊縫到一半後一邊塞入棉花一邊縫合

2 製作表面凹凸感

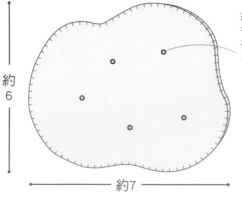

約6

約7

繡線（米色4股）打結後從後側出針稍微拉緊使其凹打結固定
※參考P.48

大蒜　PHOTO → P.6　紙型 → A面

材料（1個份）
・不織布…米白色11×17cm
・車縫線…米白色・米色
・棉花

香菇　PHOTO → P.14　紙型 → A面

材料（1個份）
・不織布…米白色4×10cm
　　　　…棕色6×6cm
・車縫線…米白色・棕色
・棉花

【大蒜】

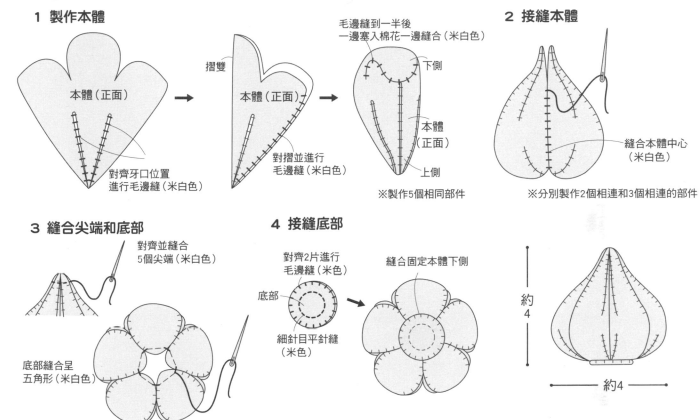

1 製作本體

本體（正面）

對齊牙口位置
進行毛邊縫（米白色）

摺雙

本體（正面）

對摺並進行
毛邊縫（米白色）

毛邊縫到一半後
一邊塞入棉花一邊縫合（米白色）

下側

本體
（正面）

上側

※製作5個相同部件

2 接縫本體

縫合本體中心
（米白色）

※分別製作2個相連和3個相連的部件

3 縫合尖端和底部

對齊並縫合
5個尖端（米白色）

底部縫合呈
五角形（米白色）

4 接縫底部

對齊2片進行
毛邊縫（米色）

底部

細針目平針縫
（米色）

縫合固定本體下側

約4

約4

【香菇】

1 製作香菇傘蓋內側

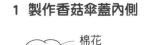

棉花

香菇傘
蓋內側

對齊2片
一邊塞入棉花
一邊進行毛邊縫
（米白色）

2 製作香菇柄

棉花

香菇柄

對齊2片
一邊塞入棉花
一邊進行毛邊縫
（米白色）

3 製作香菇傘蓋外側

周圍縫上一圈
細針目平針縫
（棕色）

香菇傘蓋外側

4 組合

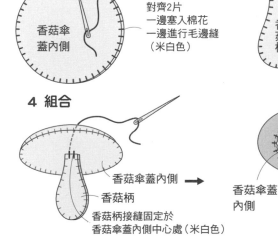

香菇傘蓋內側

香菇柄

香菇柄接縫固定於
香菇傘蓋內側中心處（米白色）

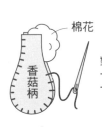

香菇傘蓋外側覆蓋到
傘蓋內側上面
拉緊縫線之後進行毛邊縫
（棕色）

香菇傘蓋
內側

香菇傘蓋外側

香菇柄

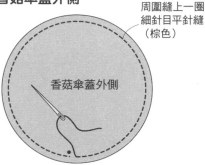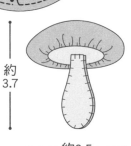

約
3.7

約3.5

紅蘿蔔　PHOTO→ P.8　紙型→ A面

材料（1個份）
・不織布…深橘色8×5cm
　　　　…黃綠色8×10cm
・車縫線…棕色・卡其色

・魔帶…3條
・棉花

1 製作葉子

①葉子周圍縫上一圈毛邊縫（卡其色）

葉莖軸（背面）

②葉子縫合固定到葉莖軸上（卡其色）

魔帶去兩側塑膠部分縮減寬度）

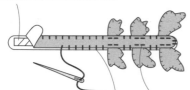

※製作3條相同部件

重疊另一片葉莖軸
包夾魔帶毛邊縫（卡其色）

在葉子上方進行細針目平針縫（卡其色）

3 製作本體

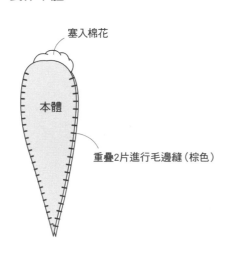

塞入棉花

本體

重疊2片進行毛邊縫（棕色）

2 製作葉莖根部

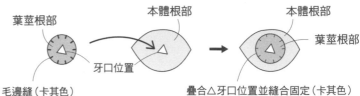

葉莖根部

本體根部

本體根部

葉莖根部

毛邊縫（卡其色）

牙口位置

疊合△牙口位置並縫合固定（卡其色）

葉莖軸

葉莖根部

②葉莖軸縫合固定至葉莖根部（卡其色）

①合攏3條葉莖軸插進△牙口位置
接縫邊緣進行固定（卡其色）

本體根部（背面）

4 本體接縫葉子

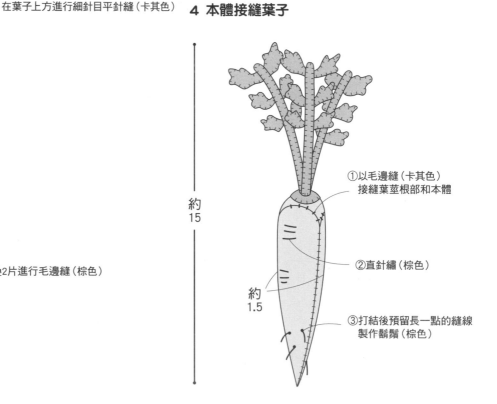

約
15

①以毛邊縫（卡其色）
接縫葉莖根部和本體

②直針繡（棕色）

約
1.5

③打結後預留長一點的縫線
製作鬍鬚（棕色）

58

蕪菁　PHOTO→ P.8　紙型→ A面

材料（1個份）
・不織布…米白色7×15cm
　　　　…黃綠色18×4cm
　　　　…綠色11×15cm
・車縫線…米白色・卡其色・深米色
・魔帶…3條
・棉花

1　製作葉子

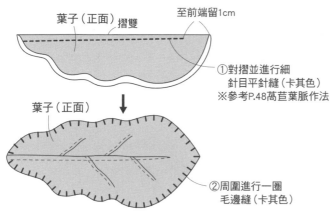

葉子（正面）　摺雙　　至前端留1cm

①對摺並進行細
　針目平針縫（卡其色）
※參考P.48萵苣葉脈作法

葉子（正面）

②周圍進行一圈
　毛邊縫（卡其色）

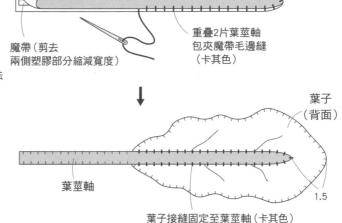

葉莖軸

魔帶（剪去
兩側塑膠部分縮減寬度）

重疊2片葉莖軸
包夾魔帶毛邊縫
（卡其色）

葉子
（背面）

葉莖軸

1.5

葉子接縫固定至葉莖軸（卡其色）

2　製作葉莖根部

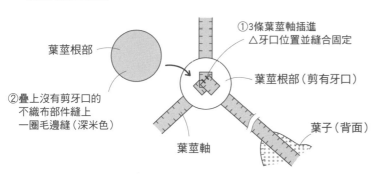

葉莖根部

②疊上沒有剪牙口的
　不織布部件縫上
　一圈毛邊縫（深米色）

①3條葉莖軸插進
　△牙口位置並縫合固定

葉莖根部（剪有牙口）

葉莖軸

葉子（背面）

3　製作本體

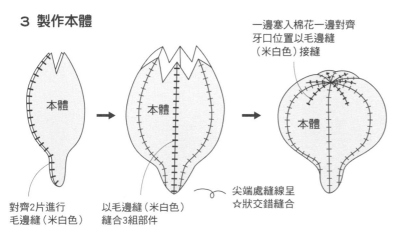

一邊塞入棉花一邊對齊
牙口位置以毛邊縫
（米白色）接縫

本體

本體

本體

對齊2片進行
毛邊縫（米白色）

以毛邊縫（米白色）
縫合3組部件

尖端處縫線呈
☆狀交錯縫合

※製作3組相同部件

4　本體接縫葉子

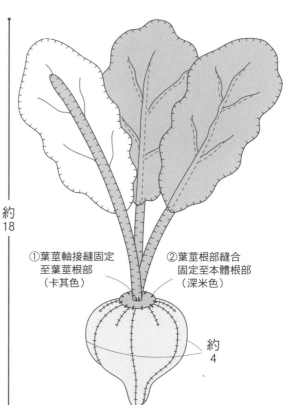

約18

約4

①葉莖軸接縫固定
　至葉莖根部
　（卡其色）

②葉莖根部縫合
　固定至本體根部
　（深米色）

59

白蘿蔔 PHOTO→ P.8　紙型→ A面

材料（1個份）
・不織布…米白色13×9cm　　　　　　・魔帶…3條
　　　　…黃綠色11×3cm　　　　　　・棉花
　　　　…綠色7×10cm
・車縫線…米白色・卡其色・深米色

1 製作葉子

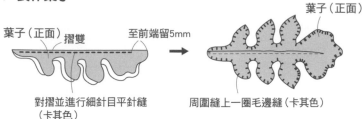

葉子（正面）摺雙　至前端留5mm

對摺並進行細針目平針縫
（卡其色）

葉子（正面）

周圍縫上一圈毛邊縫（卡其色）

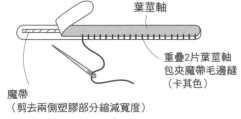

葉莖軸

重疊2片葉莖軸
包夾魔帶毛邊縫
（卡其色）

魔帶
（剪去兩側塑膠部分縮減寬度）

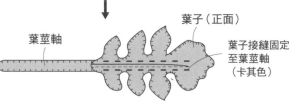

葉莖軸

葉子（正面）

葉子接縫固定
至葉莖軸
（卡其色）

2 製作葉莖根部

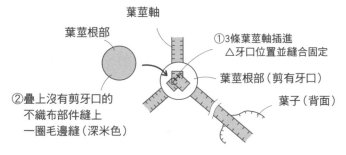

葉莖軸

葉莖根部

①3條葉莖軸插進
△牙口位置並縫合固定

葉莖根部（剪有牙口）

②疊上沒有剪牙口的
不織布部件縫上
一圈毛邊縫（深米色）

葉子（背面）

4 本體接縫葉子

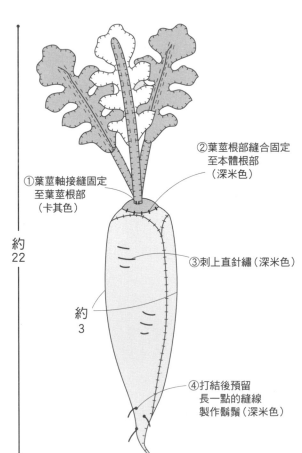

約22

約3

①葉莖軸接縫固定
至葉莖根部
（卡其色）

②葉莖根部縫合固定
至本體根部
（深米色）

③刺上直針繡（深米色）

④打結後預留
長一點的縫線
製作鬍鬚（深米色）

3 製作本體

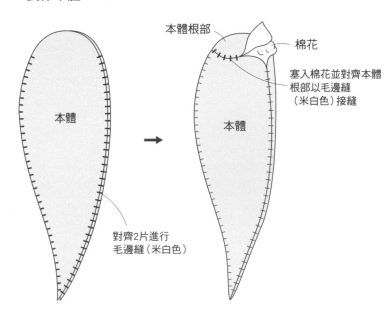

本體

本體根部

棉花

塞入棉花並對齊本體
根部以毛邊縫
（米白色）接縫

本體

對齊2片進行
毛邊縫（米白色）

青蔥　PHOTO→ P.10　紙型→ A面

材料（1個份）
・不織布…米白色12.5×3cm
　　　　…綠色9×5cm
・車縫線…米白色・米色・卡其色
・棉花

牛蒡　PHOTO→ P.10　紙型→ A面

材料（1個份）
・不織布…棕色20×3.5cm
・車縫線…棕色・深棕色
・棉花

【青蔥】

1 製作蔥葉

蔥葉

摺雙

對摺並進行毛邊縫（卡其色）

根部往內側
摺疊縫合固定

※製作2條相同部件

約
17.5

1

2 製作蔥白

摺雙

蔥白

對摺並進行毛邊縫（米白色）

①捲合底部進行
毛邊縫（米色）

底部

蔥白

②一邊塞入棉花
一邊進行毛邊縫
（米白色）
至距邊端2cm前

3 接縫蔥葉和蔥白

蔥葉插進蔥白之間
進行毛邊縫（米白色）

另一條蔥葉也
插進蔥白之間進行
毛邊縫（米白色）

蔥白

【牛蒡】

1 本體縫成筒狀

對齊牙口位置進行毛邊縫（棕色）

一邊進行毛邊縫
一邊少量塞入棉花

本體

摺雙

棉花

約
20

刺上直針繡
（深棕色）

1.2

2 接縫底部

底部

毛邊縫（棕色）

本體

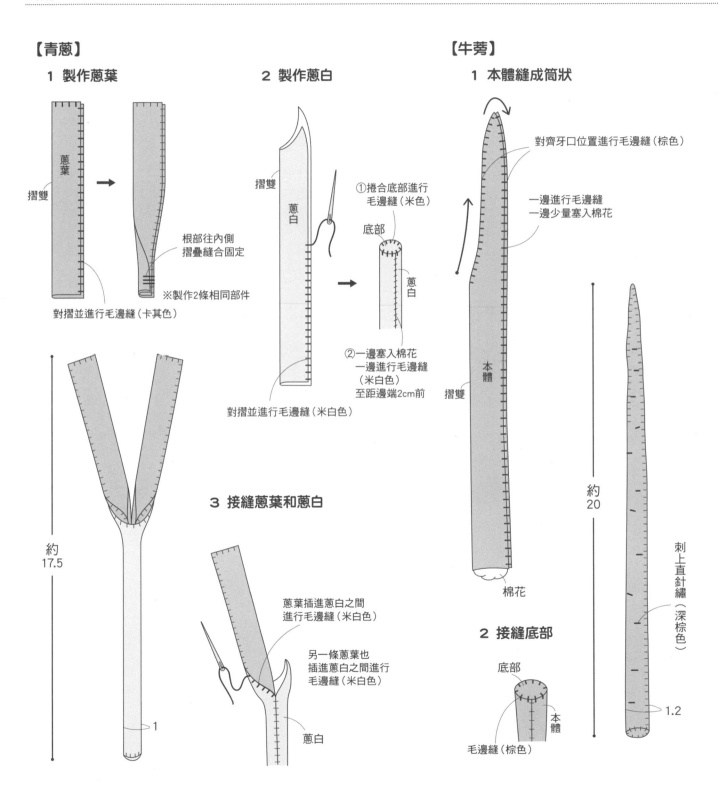

61

玉米　PHOTO→ P.12　紙型→ A面

材料（1個份）
・不織布…米色13×10cm　　　　　　・棉花
　　　　…黃色12×17 cm
　　　　…黃綠色13×17 cm
・車縫線…米色・卡其色・黃色

1 製作底座

②對齊底座邊端進行毛邊縫（米色）

底座（米色）

底座邊端

①對齊2片，一邊塞入棉花
一邊進行毛邊縫（米色）

2 製作葉子

對齊牙口位置
進行毛邊縫
（卡其色）

摺雙

葉子（正面）

周圍縫上一圈
毛邊縫（卡其色）

葉子（正面）

※製作1片大葉子、
2片小葉子

3 製作玉米粒　※參考P.48

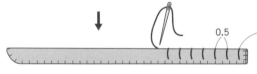

摺雙　玉米粒

①對摺並進行毛邊縫（黃色）

②善用細長棒子輔助塞入棉花，以毛邊縫（黃色）縫合

③以2股米色縫線捲縫
出寬度相同的玉米粒

0.5

※製作11條相同部件

4 底座縫上玉米粒

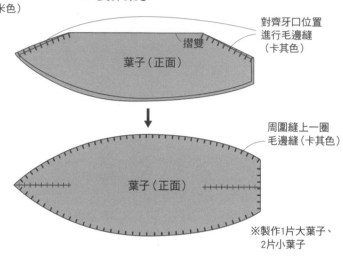

玉米粒

底座

將11條玉米粒縫目朝下
並排到底座上縫合固定

5 接縫葉子

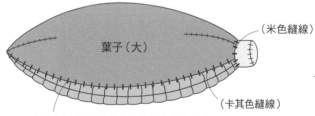

葉子（大）

（米色縫線）

（卡其色縫線）

葉子（大）鋪到底座上沒有玉米粒的部分
在葉子和底座之間塞入棉花並縫合固定

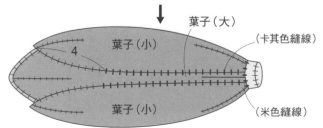

葉子（大）

葉子（小）

4

葉子（小）

（卡其色縫線）

（米色縫線）

在葉子（大）兩側重疊2片葉子（小）

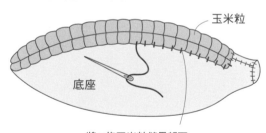

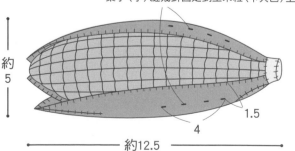

葉子（小）縫幾針固定到玉米粒（卡其色）上

約5

約12.5

1.5

4

高麗菜 PHOTO→ P.12 紙型→ A面

材料（1個份）
・不織布…黃綠色20cm正方形×5片
　　　　…米白色10×10 cm
・車縫線…深米色
・棉花

1 製作底座

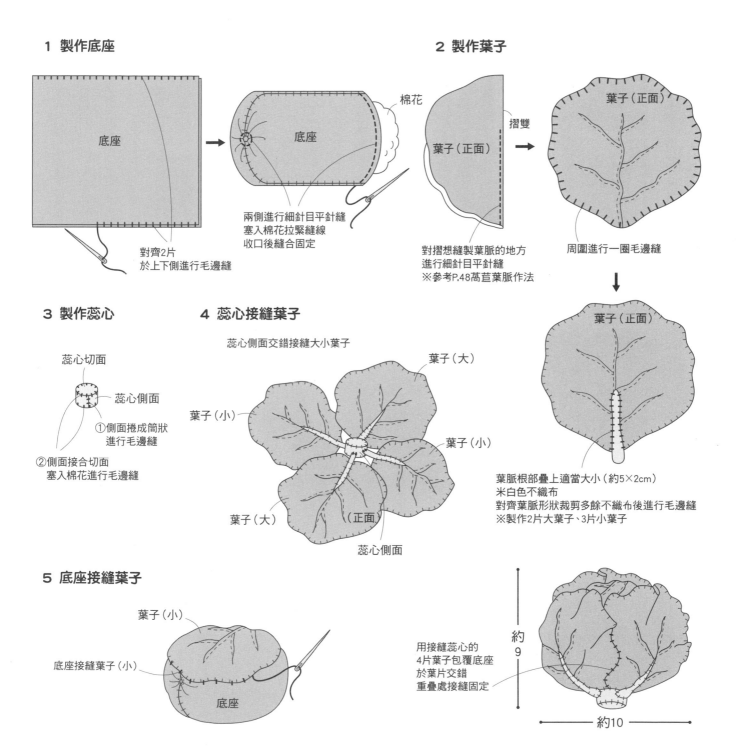

對齊2片
於上下側進行毛邊縫

兩側進行細針目平針縫
塞入棉花拉緊縫線
收口後縫合固定

棉花

底座

底座

2 製作葉子

葉子（正面）

摺雙

對摺想縫製葉脈的地方
進行細針目平針縫
※參考P.48萵苣葉脈作法

葉子（正面）

周圍進行一圈毛邊縫

葉子（正面）

葉脈根部疊上適當大小（約5×2cm）
米白色不織布
對齊葉脈形狀裁剪多餘不織布後進行毛邊縫
※製作2片大葉子、3片小葉子

3 製作蕊心

蕊心切面

蕊心側面

①側面捲成筒狀
進行毛邊縫

②側面接合切面
塞入棉花進行毛邊縫

4 蕊心接縫葉子

蕊心側面交錯接縫大小葉子

葉子（小）

葉子（大）

葉子（小）

葉子（大）

（正面）

蕊心側面

5 底座接縫葉子

葉子(小)

底座接縫葉子(小)

底座

用接縫蕊心的
4片葉子包覆底座
於葉片交錯
重疊處接縫固定

約9

約10

南瓜　PHOTO→ P.13　紙型→ A面

材料（1個份）
・不織布…本體/橘色（或深綠色）20cm正方形×2片
　　　　…果梗/黃綠色（或棕色）5×5 cm
・車縫線…橘色・卡其色（或深綠色・棕色）
・棉花

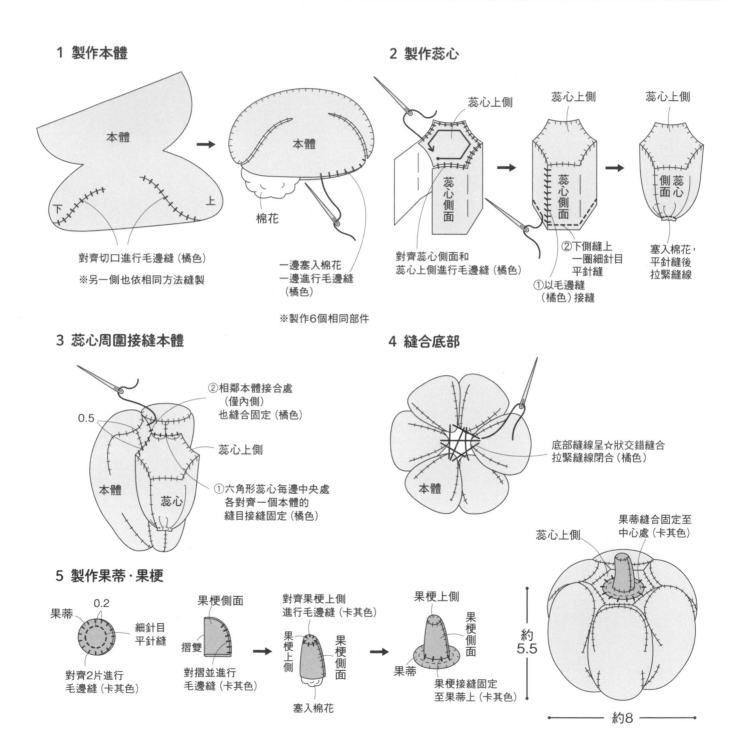

1 製作本體

本體

本體

棉花

對齊切口進行毛邊縫（橘色）

※另一側也依相同方法縫製

下　　上

一邊塞入棉花
一邊進行毛邊縫
（橘色）

※製作6個相同部件

2 製作蕊心

蕊心上側

蕊心上側

蕊心上側

蕊心側面

蕊心側面

側面　蕊心

對齊蕊心側面和
蕊心上側進行毛邊縫（橘色）

①以毛邊縫
（橘色）接縫

②下側縫上
一圈細針目
平針縫

塞入棉花，
平針縫後
拉緊縫線

3 蕊心周圍接縫本體

0.5

②相鄰本體接合處
（僅內側）
也縫合固定（橘色）

蕊心上側

本體

蕊心

①六角形蕊心每邊中央處
各對齊一個本體的
縫目接縫固定（橘色）

4 縫合底部

本體

底部縫線呈☆狀交錯縫合
拉緊縫線閉合（橘色）

5 製作果蒂・果梗

0.2

果蒂

細針目
平針縫

對齊2片進行
毛邊縫（卡其色）

果梗側面

摺雙

對摺並進行
毛邊縫（卡其色）

對齊果梗上側
進行毛邊縫（卡其色）

果梗上側

果梗上側

果梗側面

塞入棉花

果梗上側

果梗側面

果蒂

果梗接縫固定
至果蒂上（卡其色）

蕊心上側

果蒂縫合固定至
中心處（卡其色）

約5.5

約8

番薯　PHOTO→ P.15　紙型→ A面

材料（1個份）
・不織布…胭脂色13×13 cm　　　　・棉花
　　　　…奶油色1×2 cm
・車縫線…胭脂色
・25號繡線…深棕色

【切半番薯】材料（1組份）
・不織布…胭脂色13×14 cm　　　　・厚紙板3.5×7cm
　　　　…奶油色5×8 cm　　　　　・棉花
・車縫線…胭脂色　　　　　　　　・工藝白膠
・25號繡線…深棕色

1 接縫本體

本體

摺雙

對摺並進行毛邊縫

預留不縫合

2 接縫邊端

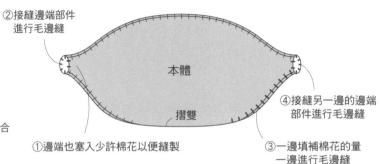

②接縫邊端部件
　進行毛邊縫

本體

摺雙

①邊端也塞入少許棉花以便縫製

④接縫另一邊的邊端
　部件進行毛邊縫

③一邊填補棉花的量
　一邊進行毛邊縫

3 製作表面凹凸感

約
4.5

約12.5

繡線（深棕色4股）打結後入針
從後側出針並稍微拉緊
做出凹陷狀後打結

※參照P.48馬鈴薯表面凹凸感作法

【切半番薯】

1 接縫本體與邊端

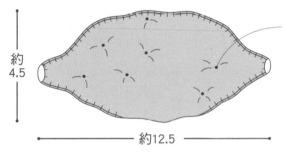

本體

摺雙

對摺並進行毛邊縫

②接縫邊端部件
　進行毛邊縫

本體

①邊端也塞入
　少許棉花以便縫製

2 接縫切口

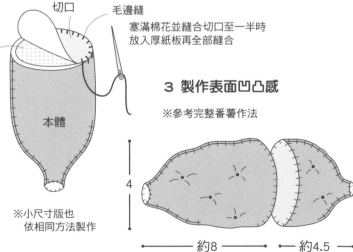

切口

毛邊縫

厚紙板

塞滿棉花並縫合切口至一半時
放入厚紙板再全部縫合

本體

※小尺寸版也
　依相同方法製作

3 製作表面凹凸感

※參考完整番薯作法

4

約8　　　約4.5

青椒　PHOTO➡ P.16　紙型➡ A面

材料（1個份）
・不織布…綠色（或紅・黃・橘色）各14×14 cm
　　　　…綠色（果蒂・果梗共用）2×3 cm
・車縫線…卡其色（或紅・黃・橘色）
・棉花

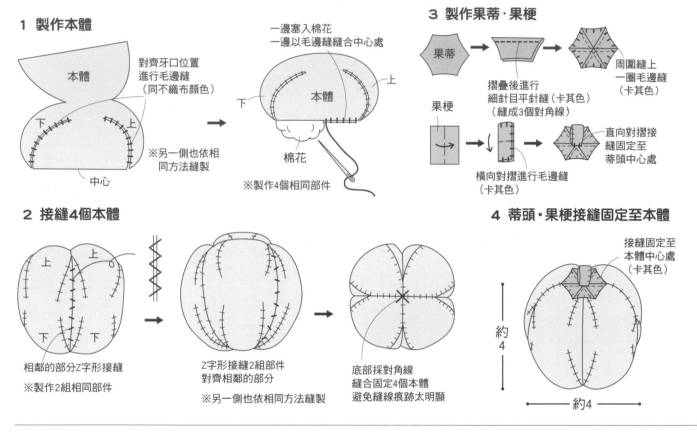

1 製作本體

本體

對齊牙口位置
進行毛邊縫
（同不織布顏色）

下　上

中心

※另一側也依相
同方法縫製

一邊塞入棉花
一邊以毛邊縫縫合中心處

下　本體　上

棉花

※製作4個相同部件

2 接縫4個本體

上　上

下　下

相鄰的部分Z字形接縫

※製作2組相同部件

Z字形接縫2組部件
對齊相鄰的部分

※另一側也依相同方法縫製

底部採對角線
縫合固定4個本體
避免縫線痕跡太明顯

3 製作果蒂・果梗

果蒂

摺疊後進行
細針目平針縫（卡其色）
（縫成3個對角線）

周圍縫上
一圈毛邊縫
（卡其色）

果梗

橫向對摺進行毛邊縫
（卡其色）

直向對摺接
縫固定至
蒂頭中心處

4 蒂頭・果梗接縫固定至本體

接縫固定至
本體中心處
（卡其色）

約4

約4

切半彩椒　PHOTO➡ P.16　紙型➡ B面

【紅】 材料（1個份）	【黃】 材料（1個份）	【橘】 材料（1個）	【共同】
・不織布…紅色9×16 cm	・不織布…蒲公英色9×16 cm	・不織布…橘色9×16 cm	・牛奶盒…7×18cm
…深橘色16×16 cm	…芥末黃色16×16 cm	…紅色16×16 cm	・厚紙板…6×10cm
…綠色5×5 cm	…綠色5×5 cm	…綠色5×5 cm	・迴紋針…3個
…黃綠色5×4 cm	…黃綠色5×4 cm	…黃綠色5×4 cm	・棉花
…米白色4×8 cm	…米白色4×8 cm	…米白色4×8 cm	・工藝白膠
・車縫線…紅色・卡其色・米白色	・車縫線…黃色・芥末黃色・卡其色・米白色	・車縫線…橘色・深橘色・卡其色・米白色	

1 製作本體

A…紅色彩椒
B…黃色彩椒
C…橘色彩椒

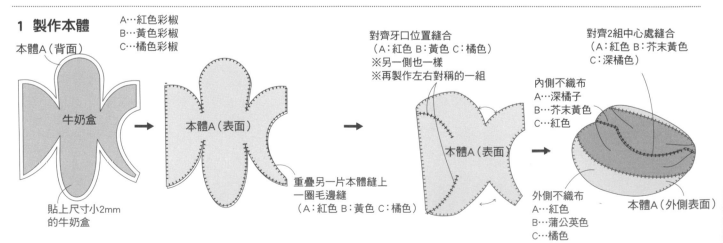

本體A（背面）

牛奶盒

貼上尺寸小2mm
的牛奶盒

本體A（表面）

重疊另一片本體縫上
一圈毛邊縫
（A：紅色 B：黃色 C：橘色）

對齊牙口位置縫合
（A：紅色 B：黃色 C：橘色）
※另一側也一樣
※再製作左右對稱的一組

本體A（表面）

對齊2組中心處縫合
（A：紅色 B：芥末黃色
　C：深橘色）

內側不織布
A…深橘子
B…芥末黃色
C…紅色

外側不織布
A…紅色
B…蒲公英色
C…橘色

本體A（外側表面）

彩椒　PHOTO→ P.16　紙型→ B面

【紅】　材料（1個份） ・不織布…紅色20×20 cm 　　…綠色5×10 cm 　　…米白色2×2 cm ・車縫線…紅色・卡其色	【黃】　材料（1個份） ・不織布…蒲公英色20×20 cm 　　…綠色5×10cm 　　…米白色2×2 cm ・車縫線…黃色・卡其色	【橘】　材料（1個份） ・不織布…橘色20×20 cm 　　…綠色5×10 cm 　　…米白色2×2 cm ・車縫線…橘色・卡其色	【共同】（1個份） ・形狀保持材6cm ・工藝白膠

1 製作本體

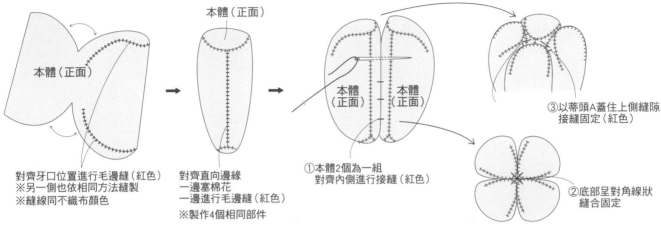

對齊牙口位置進行毛邊縫（紅色）
※另一側也依相同方法縫製
※縫線同不織布顏色

對齊直向邊緣
一邊塞棉花
一邊進行毛邊縫（紅色）
※製作4個相同部件

①本體2個為一組
對齊內側進行接縫（紅色）

②底部呈對角線狀
縫合固定

③以蒂頭A蓋住上側縫隙
接縫固定（紅色）

2 製作果蒂

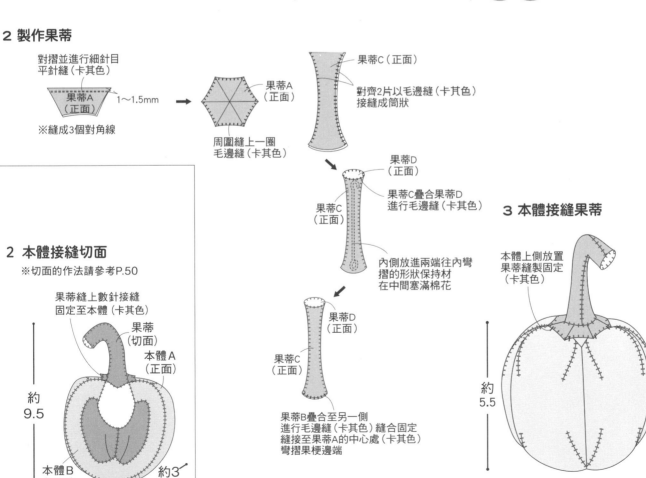

對摺並進行細針目
平針縫（卡其色）

果蒂A
（正面）

1～1.5mm

※縫成3個對角線

果蒂A
（正面）

周圍縫上一圈
毛邊縫（卡其色）

果蒂C（正面）

對齊2片以毛邊縫（卡其色）
接縫成筒狀

果蒂D
（正面）

果蒂C疊合果蒂D
進行毛邊縫（卡其色）

果蒂C
（正面）

內側放進兩端往內彎
摺的形狀保持材
在中間塞滿棉花

果蒂D
（正面）

果蒂C
（正面）

果蒂B疊合至另一側
進行毛邊縫（卡其色）縫合固定
縫接至果蒂A的中心處（卡其色）
彎摺果梗邊端

2 本體接縫切面

※切面的作法請參考P.50

果蒂縫上數針接縫
固定至本體（卡其色）

果蒂
（切面）

本體A
（正面）

約9.5

本體B
（正面）

約3

約6

本體與切面的縫合線
（A：紅色 B：黃色 C：橘色）

3 本體接縫果蒂

本體上側放置
果蒂縫製固定
（卡其色）

約5.5

約6

芹菜　PHOTO→ P.17　紙型→ A面

材料（1個份）
- 不織布…綠色8×20 cm
　　　…黃綠色8×16 cm
　　　…米白色10×15 cm
- 車縫線…亮黃綠色・卡其色・米白色
- 牛奶盒…9×7cm
- 形狀保持材…10cm
- 棉花
- 工藝白膠

1 製作本體A

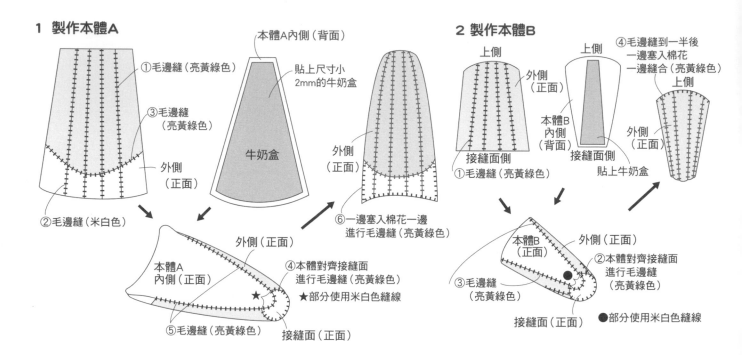

①毛邊縫（亮黃綠色）
③毛邊縫（亮黃綠色）
外側（正面）
②毛邊縫（米白色）

本體A內側（背面）
貼上尺寸小2mm的牛奶盒
牛奶盒

外側（正面）
⑥一邊塞入棉花一邊進行毛邊縫（亮黃綠色）

本體A內側（正面）
外側（正面）
④本體對齊接縫面進行毛邊縫（亮黃綠色）
★部分使用米白色縫線
⑤毛邊縫（亮黃綠色）
接縫面（正面）

2 製作本體B

上側
外側（正面）
接縫面側
①毛邊縫（亮黃綠色）

上側
本體B內側（背面）
接縫面側
貼上牛奶盒

④毛邊縫到一半後一邊塞入棉花一邊縫合（亮黃綠色）
上側
外側（正面）

本體B（正面）
外側（正面）
③毛邊縫（亮黃綠色）
②本體對齊接縫面進行毛邊縫（亮黃綠色）
接縫面（正面）
●部分使用米白色縫線

3 製作葉子

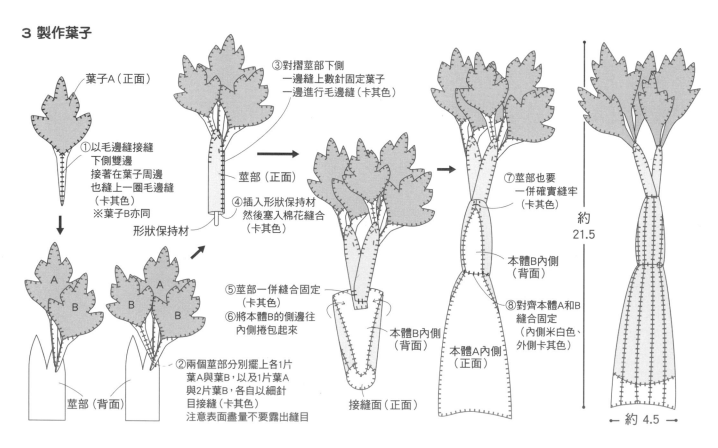

葉子A（正面）
①以毛邊縫接縫下側雙邊接著在葉子周邊也縫上一圈毛邊縫（卡其色）
※葉子B亦同

A
B
B
A
A
B
B
莖部（背面）
②兩個莖部分別擺上各1片葉A與葉B，以及1片葉A與2片葉B，各自以細針目接縫（卡其色）注意表面盡量不要露出縫目

③對摺莖部下側一邊縫上數針固定葉子一邊進行毛邊縫（卡其色）
莖部（正面）
④插入形狀保持材然後塞入棉花縫合（卡其色）
形狀保持材

⑤莖部一併縫合固定（卡其色）
⑥將本體B的側邊往內側捲包起來
本體B內側（背面）
接縫面（正面）

⑦莖部也要一併確實縫牢（卡其色）
本體B內側（背面）
⑧對齊本體A和B縫合固定（內側米白色、外側卡其色）
本體A內側（正面）

約21.5
← 約 4.5 →

栗子 PHOTO→ P.18　紙型→ B面

材料（1個份）
・不織布…紅棕色4×8 cm
　　　　…淺棕色3×4 cm
・車縫線…紅棕色
・棉花

青花菜 PHOTO→ P.18　紙型→ B面

材料（1個份）
・不織布…深綠色12×15 cm
　　　　…綠色6×9 cm
・車縫線…深綠色・卡其色
・厚紙板…2×2 cm
・棉花
・工藝白膠

花椰菜 PHOTO→ P.18　紙型→ B面

材料（1個份）
・不織布…米白色12×15 cm
　　　　…白色6×9 cm
・車縫線…米白色
・厚紙板…2×2 cm
・棉花
・工藝白膠

【栗子】

1 製作本體

牙口

本體前片（正面）

→

對摺並以毛邊縫
（紅棕色）接縫牙口

摺雙

本體前片（正面）

↓

本體前片（正面）

→

對齊前後片
進行毛邊縫（紅棕色）

本體後片（正面）

本體前片（正面）

2 接縫本體和底座

本體前片（正面）

接縫本體和底座
一邊塞入棉花
一邊進行毛邊縫（紅棕色）

底座（正面）

約3

約2

約3

【青花菜】【花椰菜】　　※花椰菜皆以米白色線縫製

1製作本體

本體（背面）

10

③周圍縫上
一圈細針
目平針縫
（深綠色）

①對齊裁剪部分
　從邊端2～3mm處進行
　細針目平針縫（深綠色）
　並預留10cm左右的縫線

②縫合所有牙口的細針目平針縫後
　拉緊縫線打結固定

2～3mm　　預留10cm
　　　　　左右
裁剪部分

2 製作莖部

對齊2片進行
毛邊縫（卡其色）

莖部（正面）

→

莖部（正面）

塞入棉花接縫莖部底部
進行毛邊縫（卡其色）

莖部底部
（正面）

貼上尺寸小
2mm的厚紙板

3 本體接縫莖部

本體覆蓋到莖部上
拉緊縫線
於莖部側面出針
並確實縫牢（深綠色）

青花菜　　　花椰菜

約4.5

約4　　　約4

69

酪梨 PHOTO→ P.19　紙型→ B面

材料（1個份）
・不織布…深綠色10×18 cm
　　　　…淺棕色2×2 cm
・車縫線…深綠色・淺棕色
・棉花

【切半酪梨】材料（1組分）
・不織布…深綠色10×9 cm
　　　　…亮黃綠色8×5 cm
　　　　…淺黃色7×11 cm
　　　　…紅棕色3×6 cm
　　　　…淺棕色2×1cm

・車縫線…深綠色・亮黃綠色・黃色・紅棕色・淺棕色
・厚紙板…5×8cm
・牛奶盒…3×3cm
・棉花
・工藝白膠

【酪梨】

1 製作本體

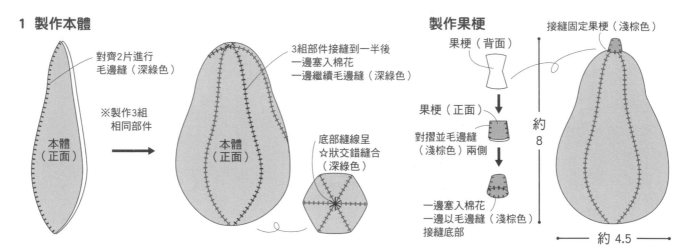

對齊2片進行
毛邊縫（深綠色）

本體（正面）

※製作3組
相同部件

3組部件接縫到一半後
一邊塞入棉花
一邊繼續毛邊縫（深綠色）

本體（正面）

底部縫線呈
☆狀交錯縫合
（深綠色）

製作果梗

果梗（背面）

果梗（正面）

對摺並毛邊縫
（淺棕色）兩側

一邊塞入棉花
一邊以毛邊縫（淺棕色）
接縫底部

接縫固定果梗（淺棕色）

約8

約4.5

【切半酪梨】

1 製作切面

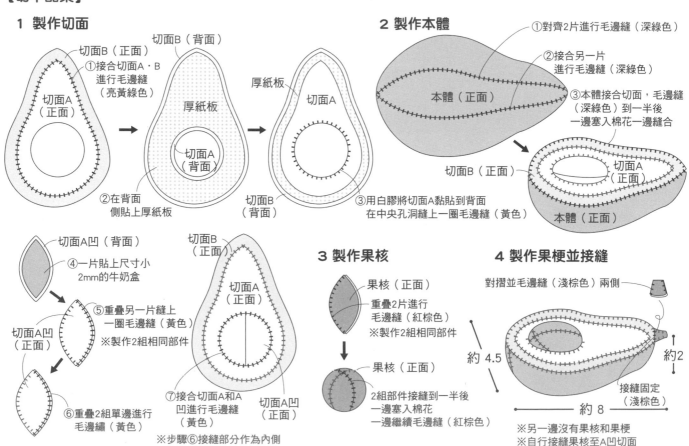

切面B（正面）
切面B（背面）
①接合切面A・B
進行毛邊縫
（亮黃綠色）

切面A
（正面）

厚紙板

切面A
（背面）

②在背面
側貼上厚紙板

厚紙板

切面A

切面B
（背面）

③用白膠將切面A黏貼到背面
在中央孔洞縫上一圈毛邊縫（黃色）

切面A凹（背面）

④一片貼上尺寸小
2mm的牛奶盒

切面A凹
（正面）

⑤重疊另一片縫上
一圈毛邊縫（黃色）
※製作2組相同部件

⑥重疊2組單邊進行
毛邊繡（黃色）

切面B
（正面）

切面A
（正面）

⑦接合切面A和A
凹進行毛邊縫
（黃色）

切面A凹
（正面）

※步驟⑥接縫部分作為內側

2 製作本體

①對齊2片進行毛邊縫（深綠色）

②接合另一片
進行毛邊縫（深綠色）

本體（正面）

③本體接合切面，毛邊縫
（深綠色）到一半後
一邊塞入棉花一邊縫合

切面B（正面）

切面A
（正面）

本體（正面）

3 製作果核

果核（正面）

重疊2片進行
毛邊縫（紅棕色）
※製作2組相同部件

果核（正面）

2組部件接縫到一半後
一邊塞入棉花
一邊繼續毛邊縫（紅棕色）

4 製作果梗並接縫

對摺並毛邊縫（淺棕色）兩側

約4.5

約2

接縫固定
（淺棕色）

約8

※另一邊沒有果核和果梗
※自行接縫果核至A凹切面

70

蘋果　PHOTO→ P.20　紙型→ A面

材料（1個份）
・不織布…紅色（或亮黃綠色）9×18 cm
　　　　…深棕色3×1 cm
　　　　…綠色3×1.5 cm
・車縫線…紅色（或亮黃綠色）・深棕色・卡其色
・魔帶…1條
・棉花

【切半蘋果】材料（1組分）
・不織布…紅色9×18 cm
　　　　…奶油色5×13 cm
　　　　…深棕色3×3 cm
・車縫線…紅色・深棕色・黃色
・厚紙板…5×10 cm
・魔帶…1條
・棉花

【兔子蘋果】材料（1個份）
・不織布…紅色5×3 cm
　　　　…奶油色8×10 cm
・車縫線…紅色・黃色
・厚紙板…5×5 cm
・棉花

【蘋果】　※參考P.46

1 製作果梗

魔帶（剪去兩側
塑膠部分縮減寬度）

果梗

摺雙

對摺並進行毛邊縫（深棕色）
中途穿入魔帶

2 製作本體　※紅蘋果使用紅色縫線，青蘋果使用黃綠色縫線

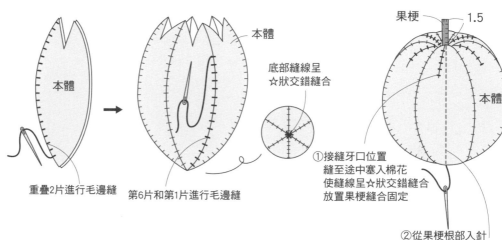

重疊2片進行毛邊縫

第6片和第1片進行毛邊縫

底部縫線呈
☆狀交錯縫合

果梗　　1.5

本體

①接縫牙口位置
縫至途中塞入棉花
使縫線呈☆狀交錯縫合
放置果梗縫合固定

②從果梗根部入針
自底部中心處出針
拉緊縫線至出現
凹陷後打結固定

3 製作葉子

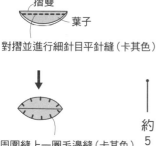

摺雙
葉子

對摺並進行細針目平針縫（卡其色）

周圍縫上一圈毛邊縫（卡其色）

在果梗上接縫葉子
（卡其色）

約5

約5.5

【切半蘋果】

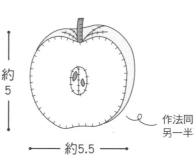

約5

約5.5

作法同切半西洋梨（P.80）
另一半不附果梗

【兔子蘋果】

1 製作本體

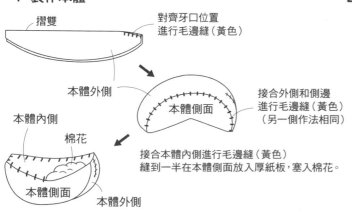

摺雙

對齊牙口位置
進行毛邊縫（黃色）

本體外側

接合外側和側邊
進行毛邊縫（黃色）
（另一側作法相同）

本體內側
棉花

接合本體內側進行毛邊縫（黃色）
縫到一半在本體側面放入厚紙板，塞入棉花。

本體側面
本體外側

2 製作蘋果皮

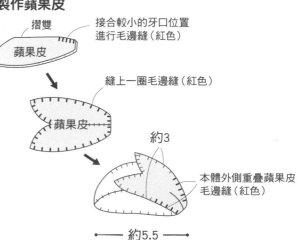

摺雙
蘋果皮

接合較小的牙口位置
進行毛邊縫（紅色）

縫上一圈毛邊縫（紅色）

蘋果皮

約3

本體外側重疊蘋果皮
毛邊縫（紅色）

約5.5

檸檬 PHOTO→ P.22　紙型→ A面

材料（1個份）
・不織布…黃色8×16 cm
　　　…黃綠色1.5×1.5 cm
・車縫線…黃色・卡其色
・棉花

【切半檸檬】材料（1組分）
・不織布…黃色8×20 cm
　　　…黃綠色1.5×1.5 cm
　　　…米白色4×8 cm
・車縫線…黃色・卡其色

・25號繡線…白色
・厚紙板…4×8 cm
・棉花

【檸檬】

1 製作本體

對齊2片進行
毛邊縫（黃色）

※製作3組
相同部件

本體

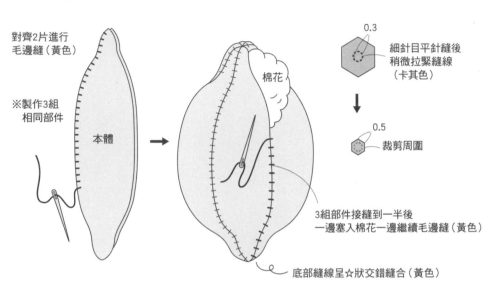

棉花

3組部件接縫到一半後
一邊塞入棉花一邊繼續毛邊縫（黃色）

底部縫線呈☆狀交錯縫合（黃色）

2 製作蒂頭

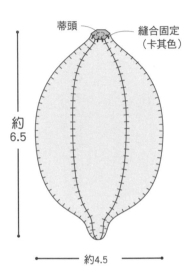

0.3

細針目平針縫後
稍微拉緊縫線
（卡其色）

0.5

裁剪周圍

3 本體接縫蒂頭

蒂頭

縫合固定
（卡其色）

約6.5

約4.5

【切半檸檬】

1 製作切面

切面外側

切面內側

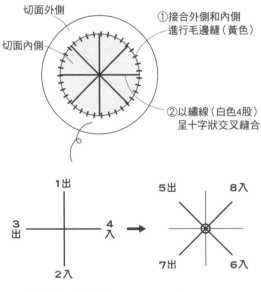

①接合外側和內側
進行毛邊縫（黃色）

②以繡線（白色4股）
呈十字狀交叉縫合

1出
3出
2入
4入

5出　8入
7出　6入

縫線從7→8下針時
先纏繞中心的縫線並往內側不織布挑1針做固定

2 接縫本體和切面

切面內側
切面外側
厚紙板

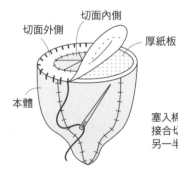

本體

※本體依完整檸檬作法
製作兩個切半檸檬

塞入棉花再擺上厚紙板
接合切面進行毛邊縫（黃色）
另一半也依相同方法製作

單側接縫蒂頭固定

3.8

約3.5

奇異果　PHOTO→ P.23　紙型→ A面

材料（1個份）
・不織布…棕色7×15 cm
・車縫線…棕色
・棉花

【切半奇異果】材料（1組分）
・不織布…棕色4×15 cm
　　　　…米白色1.5×3 cm
　　　　…黃綠色（或黃色）4×8cm
・車縫線…棕色・米白色

・25號繡線…黑色
・厚紙板…4×8 cm
・棉花

【奇異果】

1　製作本體

對齊2片進行
毛邊縫（黃色）

※製作3組
相同部件

本體

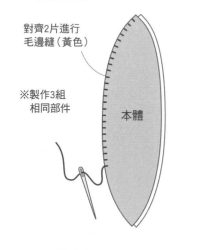

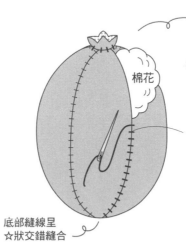

邊端

捲成筒狀進行毛邊縫（棕色）

棉花

一邊塞入棉花一邊以毛邊縫（棕色）
接縫3組部件
邊端重疊至上側
縫合周圍固定（棕色）

底部縫線呈
☆狀交錯縫合

2　接縫底部

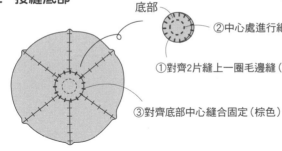

底部

②中心處進行細針目平針縫（棕色）

①對齊2片縫上一圈毛邊縫（棕色）

③對齊底部中心縫合固定（棕色）

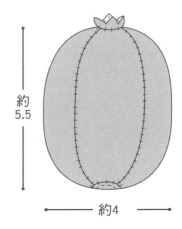

約
5.5

約4

【切半奇異果】

1　製作切面

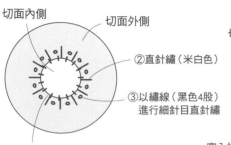

切面內側

切面外側

②直針繡（米白色）

③以繡線（黑色4股）
進行細針目直針繡

①接合切面內側和外側
進行毛邊縫（米白色）

2　接縫本體和切面

※本體依完整奇異果的作法，
　製作兩個切半奇異果

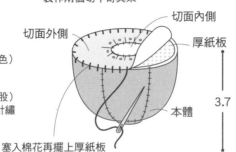

切面內側

切面外側

厚紙板

本體

塞入棉花再擺上厚紙板
接合切面進行毛邊縫（棕色）

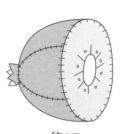

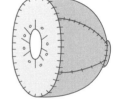

3.7

約2.7

香蕉　PHOTO→ P.25　紙型→ A面

材料（3本分）
・不織布…黃色20×16 cm
・車縫線…黃色
・25號繡線…深棕色
・魔鬼氈…黃色0.6×1.2 cm
・棉花

【剝皮香蕉】材料（1個份）
・不織布…黃色11×10 cm
　　　　…奶油色11×20 cm
・車縫線…黃色
・25號繡線…深棕色
・棉花

【整條香蕉】

1 接縫上片、側片、下片

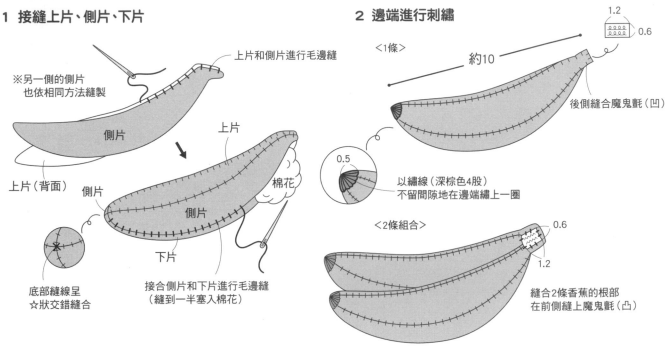

※另一側的側片
也依相同方法縫製

上片和側片進行毛邊縫

側片

上片

上片（背面）

側片

棉花

側片

下片

底部縫線呈
☆狀交錯縫合

接合側片和下片進行毛邊縫
（縫到一半塞入棉花）

2 邊端進行刺繡

1.2　0.6

<1條>

約10

後側縫合魔鬼氈（凹）

0.5

以繡線（深棕色4股）
不留間隙地在邊端繡上一圈

<2條組合>

0.6

1.2

縫合2條香蕉的根部
在前側縫上魔鬼氈（凸）

【剝皮香蕉】

1 製作香蕉果肉

毛邊縫

果肉上片

果肉側片

參考整條香蕉
作法縫製

3 組合

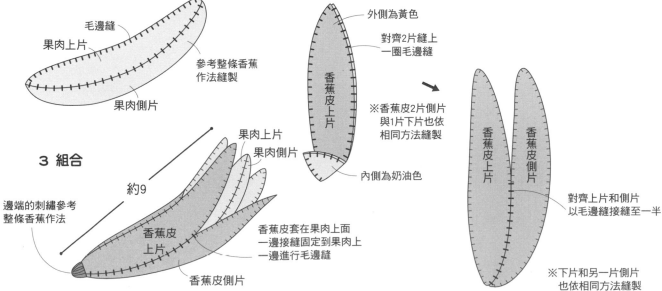

約9

邊端的刺繡參考
整條香蕉作法

香蕉皮
上片

果肉上片

果肉側片

香蕉皮套在果肉上面
一邊接縫固定到果肉上
一邊進行毛邊縫

香蕉皮側片

2 製作香蕉皮

外側為黃色

對齊2片縫上
一圈毛邊縫

香蕉皮上片

※香蕉皮2片側片
與1片下片也依
相同方法縫製

內側為奶油色

香蕉皮上片

香蕉皮側片

對齊上片和側片
以毛邊縫接縫至一半

※下片和另一片側片
也依相同方法縫製

西瓜 PHOTO→ P.26　紙型→ A面

材料（1個份）
・不織布…酒紅色13×18 cm
　　　…深綠色16×11 cm
　　　…檸檬黃色10×15 cm
　　　…黑色13×4 cm
・車縫線…黑色・胭脂色・黃色・深綠色
・25號繡線…黑色
・厚紙板…20×11cm
・工藝白膠
・棉花

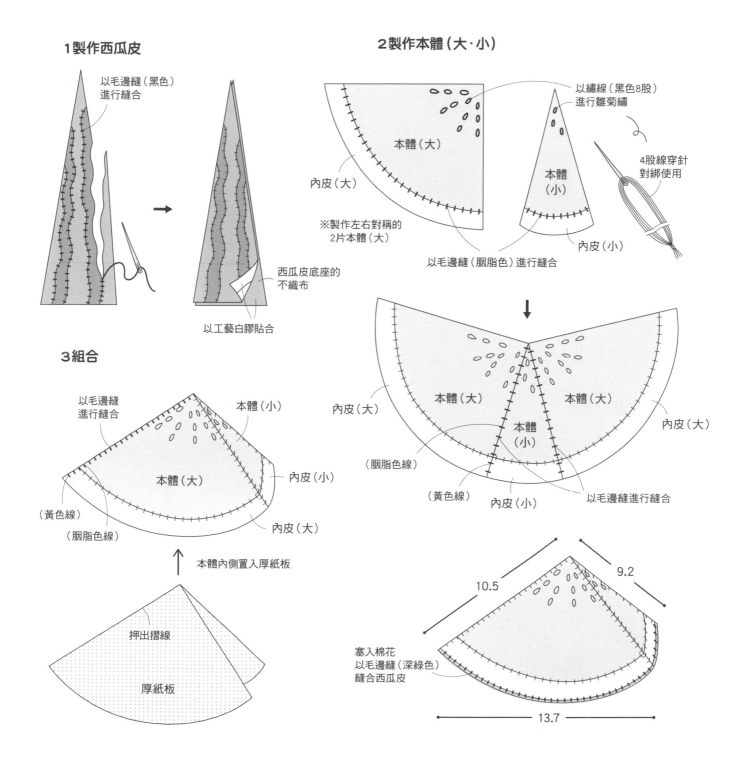

1製作西瓜皮
以毛邊縫（黑色）進行縫合

西瓜皮底座的不織布

以工藝白膠貼合

2製作本體（大・小）
本體（大）
內皮（大）
以繡線（黑色8股）進行雛菊繡
本體（小）
內皮（小）
4股線穿針對綁使用
※製作左右對稱的2片本體（大）
以毛邊縫（胭脂色）進行縫合

本體（大）
內皮（大）
本體（小）
本體（大）
內皮（大）
（胭脂色線）
（黃色線）
內皮（小）
以毛邊縫進行縫合

3組合
以毛邊縫進行縫合
本體（小）
本體（大）
內皮（小）
內皮（大）
（黃色線）
（胭脂色線）

本體內側置入厚紙板

押出摺線
厚紙板

10.5
9.2
塞入棉花
以毛邊縫（深綠色）
縫合西瓜皮
13.7

鳳梨　PHOTO→ P.27　紙型→ B面

材料（1個份）
・不織布…芥末黃色20cm正方形×3片
　…綠色20cm正方形×3片
　…棕色20cm正方形×1片
　…淺棕色8×6cm
　…深米色3×5cm
・車縫線…棕色・淺棕色・卡其色
・棉花

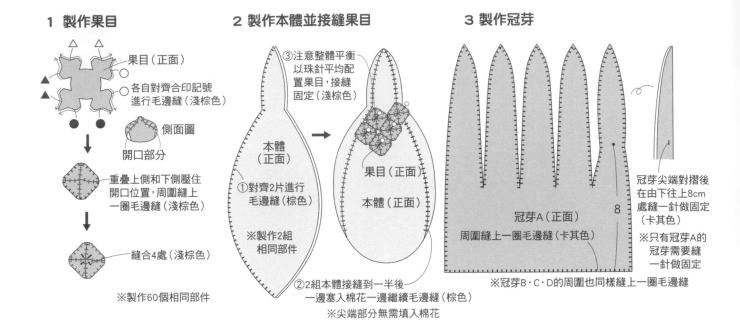

1 製作果目

果目（正面）

各自對齊合印記號
進行毛邊縫（淺棕色）

側面圖

開口部分

重疊上側和下側壓住
開口位置，周圍縫上
一圈毛邊縫（淺棕色）

縫合4處（淺棕色）

※製作60個相同部件

2 製作本體並接縫果目

③注意整體平衡
以珠針平均配
置果目，接縫
固定（淺棕色）

本體
（正面）

①對齊2片進行
毛邊縫（棕色）

※製作2組
相同部件

果目（正面）

本體（正面）

②2組本體接縫到一半後
一邊塞入棉花一邊繼續毛邊縫（棕色）

※尖端部分無需填入棉花

3 製作冠芽

冠芽A（正面）

周圍縫上一圈毛邊縫（卡其色）

8

冠芽尖端對摺後
在由下往上8cm
處縫一針做固定
（卡其色）

※只有冠芽A的
冠芽需要縫
一針做固定

※冠芽B・C・D的周圍也同樣縫上一圈毛邊縫

4 本體接縫冠芽

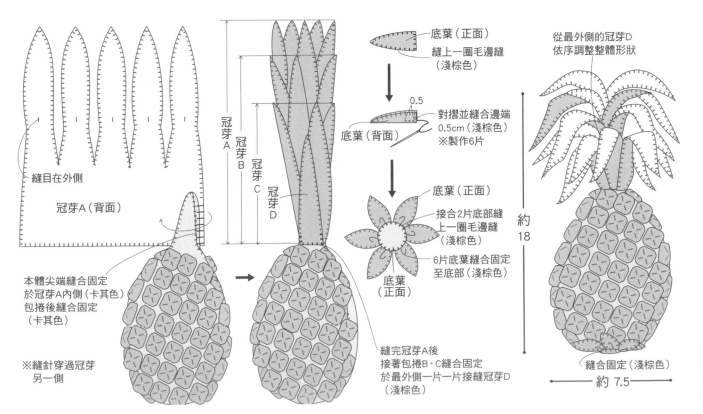

縫目在外側

冠芽A（背面）

本體尖端縫合固定
於冠芽A內側（卡其色）
包捲後縫合固定
（卡其色）

※縫針穿過冠芽
另一側

5 製作底部並接縫本體

冠芽A
冠芽B
冠芽C
冠芽D

底葉（正面）
縫上一圈毛邊縫
（淺棕色）

0.5

底葉（背面）

對摺並縫合邊端
0.5cm（淺棕色）
※製作6片

底葉（正面）

接合2片底部縫
上一圈毛邊縫
（淺棕色）

6片底葉縫合固定
至底部（淺棕色）

底葉
（正面）

縫完冠芽A後
接著包捲B・C縫合固定
於最外側一片一片接縫冠芽D
（淺棕色）

從最外側的冠芽D
依序調整整體形狀

約18

縫合固定（淺棕色）

約 7.5

切半芒果　PHOTO→ P.28　紙型→ B面

材料（1個份）
- 不織布…黃色20 cm正方形×2片
  …深橘色18×11 cm
- 車縫線…深橘色・黃色
- 厚紙板（一般零食盒的厚度）…20×15cm
- 透明資料夾…10×8cm
- 棉花
- 強力接著劑

1 製作果肉

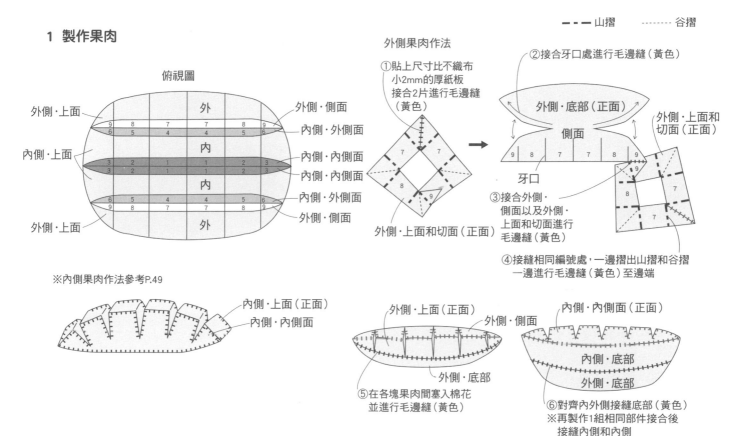

－・－ 山摺　　…… 谷摺

俯視圖

外側・上面
內側・上面
外側・上面

外　外
內
內
外　外

9 8 7 7 8 9
6 5 4 4 5 6
3 2 1 1 2 3
3 2 1 1 2 3
6 5 4 4 5 6
9 8 7 7 8 9

外側・側面
內側・外側面
內側・內側面
內側・內側面
內側・外側面
外側・側面

※內側果肉作法參考P.49

外側果肉作法

①貼上尺寸比不織布
小2mm的厚紙板
接合2片進行毛邊縫
（黃色）

外側・上面和切面（正面）

7　　7
8
9

②接合牙口處進行毛邊縫（黃色）

外側・底部（正面）
側面
牙口
9 8 7 7 8 9

外側・上面和切面（正面）

8
9
7

③接合外側・側面以及外側・上面和切面進行毛邊縫（黃色）

④接縫相同編號處，一邊摺出山摺和谷摺一邊進行毛邊縫（黃色）至邊端

內側・上面（正面）
內側・內側面

外側・上面（正面）
外側・側面
外側・底部

⑤在各塊果肉間塞入棉花並進行毛邊縫（黃色）

內側・內側面（正面）
內側・底部
外側・底部

⑥對齊內外側接縫底部（黃色）
※再製作1組相同部件接合後接縫內側和內側

2 製作芒果皮

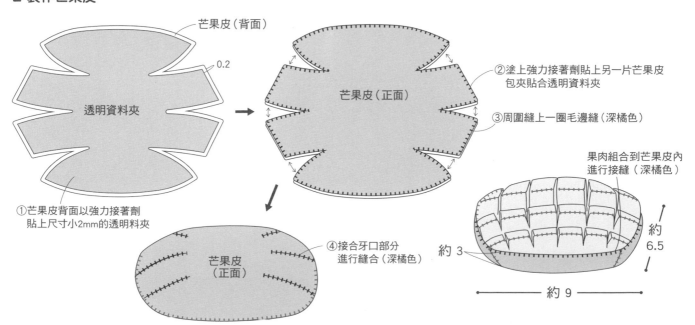

芒果皮（背面）

0.2

透明資料夾

①芒果皮背面以強力接著劑貼上尺寸小2mm的透明料夾

芒果皮（正面）

②塗上強力接著劑貼上另一片芒果皮包夾貼合透明資料夾
③周圍縫上一圈毛邊縫（深橘色）

芒果皮（正面）

④接合牙口部分進行縫合（深橘色）

果肉組合到芒果皮內進行接縫（深橘色）

約3
約6.5
約9

切片哈密瓜　PHOTO→ P.29　紙型→ B面

材料（1個份）
・不織布…哈密瓜色13×10cm
　　　　…深綠色4×15 cm
　　　　…黃綠色5×16 cm
・車縫線…哈密瓜色・深綠色・亮黃綠色
・25號繡線…米白色
・厚紙板…15×15cm
・棉花
・工藝白膠

橘子　PHOTO→ P.24　紙型→ A面

材料（1個份）
・不織布…橘色6×18cm
　　　　…黃綠色1.5×1.5 cm
・車縫線…橘色・卡其色
・棉花

【切片哈密瓜】

1 製作本體

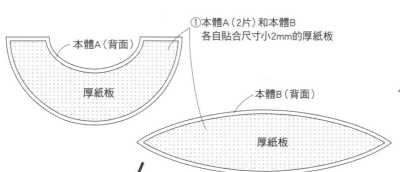

①本體A（2片）和本體B
各自貼合尺寸小2mm的厚紙板

本體A（背面）
厚紙板
本體B（背面）
厚紙板

②對齊本體A和本體B進行毛邊縫（深綠色）

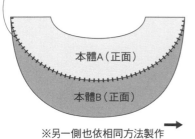

本體A（正面）
本體B（正面）

※另一側也依相同方法製作

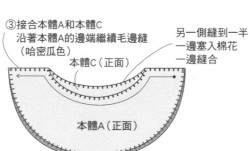

③接合本體A和本體C
沿著本體A的邊端繼續毛邊縫
（哈密瓜色）

另一側縫到一半
一邊塞入棉花
一邊縫合

本體C（正面）
本體A（正面）

2 製作哈密瓜皮

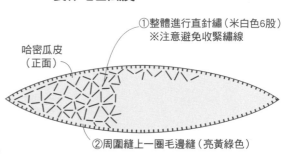

①整體進行直針繡（米白色6股）
※注意避免收緊繡線

哈密瓜皮（正面）

②周圍縫上一圈毛邊縫（亮黃綠色）

3 本體接縫哈密瓜皮

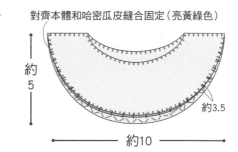

對齊本體和哈密瓜皮縫合固定（亮黃綠色）

約5
約3.5
約10

【橘子】

1 製作本體

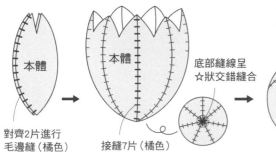

本體
本體

對齊2片進行毛邊縫（橘色）

接縫7片（橘色）

對齊牙口位置
一邊塞入棉花
一邊進行毛邊縫
（橘色）

底部縫線呈☆狀交錯縫合

2 製作蒂頭

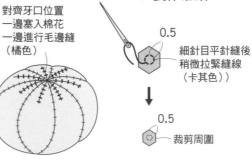

0.5
細針目平針縫後稍微拉緊縫線（卡其色）

0.5
裁剪周圍

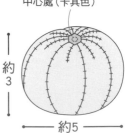

蒂頭縫合固定至中心處（卡其色）

約3
約5

葡萄　PHOTO→ P.30　紙型→ A面

材料（1個份）
・不織布…亮黃綠色（或紫色）20 cm正方形×1片和5×20 cm
　　…棕色（或黃綠色）3×10 cm
・車縫線…亮黃綠色・棕色（或紫色・卡其色）
・魔帶…3條
・棉花

柿子　PHOTO→ P.30　紙型→ A面

材料（1個份）
・不織布…橘色7×17 cm
　　…綠色3×3 cm
　　…棕色1.5×1 cm
　　…深米色1×1 cm
・車縫線…橘色・卡其色・棕色
・棉花

【葡萄】

1 製作果梗

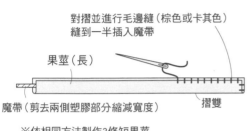

對摺並進行毛邊縫（棕色或卡其色）
縫到一半插入魔帶

果莖（長）

魔帶（剪去兩側塑膠部分縮減寬度）

摺雙

※依相同方法製作3條短果莖

2 製作葡萄果實

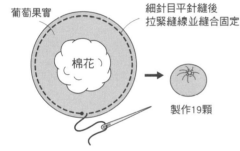

葡萄果實

棉花

細針目平針縫後
拉緊縫線並縫合固定

製作19顆

3 果莖接縫葡萄果實

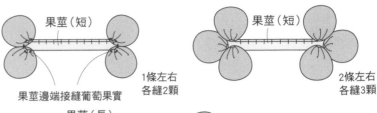

果莖（短）　　　　　果莖（短）

果莖邊端接縫葡萄果實

1條左右
各縫2顆

2條左右
各縫3顆

果莖（長）

1條邊端縫3顆

一側邊端以毛邊縫（棕色或卡其色）
接縫果梗（放入魔帶）

4 組合

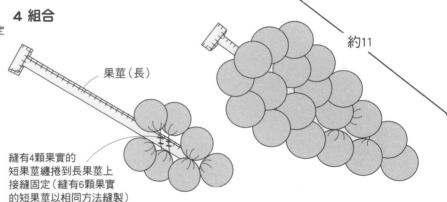

果莖（長）

約11

縫有4顆果實的
短果莖纏捲到長果莖上
接縫固定（縫有6顆果實
的短果莖以相同方法縫製）

【柿子】

1 製作本體

本體

對齊2片進行毛邊縫（橘色）
※製作2組相同部件

2組本體以毛邊縫（橘色）接縫

底部縫線呈
☆狀交錯縫合

本體

①對齊牙口位置，一邊塞入棉花
一邊進行毛邊縫（橘色）

②從上方中心處入針，自底部中心處出針
拉緊縫線至上側出現凹陷後打結固定

2 製作果梗與果蒂

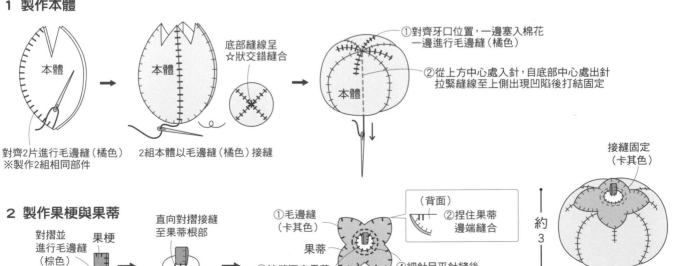

對摺並
進行毛邊縫
（棕色）

果梗

摺雙

直向對摺接縫
至果蒂根部

果蒂根部

①毛邊縫
（卡其色）

果蒂

③接縫固定果蒂
根部（棕色）

（背面）

②捏住果蒂
邊端縫合

④細針目平針縫後
稍微拉緊縫線（卡其色）

接縫固定
（卡其色）

約3

約5

水梨　PHOTO→ P.31　紙型→ A面

材料（1個份）
・不織布…黃土色9×18 cm
　　　　　…深棕色3×1 cm
・車縫線…米色・深棕色
・魔帶…1條
・棉花

【切半水梨】材料（1組分）
・不織布…黃土色9×18 cm
　　　　　…米白色5×13 cm
　　　　　…深棕色3×3 cm
・車縫線…米色・深棕色・米白色
・厚紙板…5×10 cm
・魔帶…1條
・棉花

西洋梨　PHOTO→ P.31　紙型→ A面

材料（1個份）
・不織布…黃綠色10×15 cm
　　　　　…深棕色3×1 cm
・車縫線…卡其色・深棕色
・魔帶…1條
・棉花

【切半西洋梨材料】材料（1個份）
・不織布…黃綠色10×15 cm
　　　　　…米白色7×10 cm
　　　　　…深棕色3×2cm
・車縫線…卡其色・深棕色・米白色
・厚紙板…7×10 cm
・魔帶…1條
・棉花

【切半西洋梨】

1 製作果梗
參考完整西洋梨作法

2 製作切面　※參考P.48

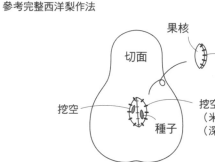

果核
切面
對齊2片進行
毛邊縫（米白色）
挖空
種子
挖空處接合果核進行毛邊縫
（米白色）並縫合固定種子
（深棕色）

3 製作本體

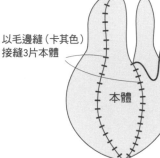

以毛邊縫（卡其色）
接縫3片本體
本體
7

4 組合

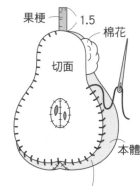

果梗　1.5
棉花
切面
本體

接合切面和本體進行毛邊縫
（卡其色），縫到一半於切面
側放入厚紙板並塞入棉花填
充整體，在上側插進果梗接
縫固定

【水梨】
※參考P.71蘋果作法

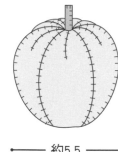

約5
約5.5

【切半水梨】
※參考切半西洋梨作法

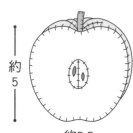

約5
約5.5　※另一半不附果梗

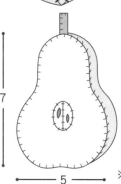

5　※另一半不附果梗

【西洋梨】

1 製作果梗

摺雙

橫向對摺放進魔帶
（剪去兩側塑膠部分縮
減寬度）進行毛邊縫
（深棕色）

2 製作本體

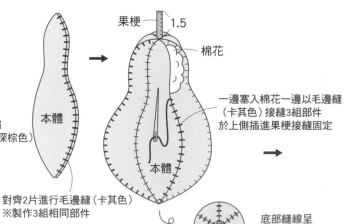

果梗　1.5
棉花
本體
本體

對齊2片進行毛邊縫（卡其色）
※製作3組相同部件

一邊塞入棉花一邊以毛邊縫
（卡其色）接縫3組部件
於上側插進果梗接縫固定

底部縫線呈
☆狀交錯縫合
（卡其色）

從果梗根部入針
自底部中心處出針
確實拉緊縫線至呈現
凹陷後打結固定

本體
果梗

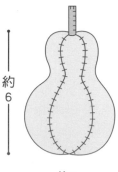

約6
約5

80

三明治 PHOTO→ P.32　紙型→ A面

【荷包蛋】　材料（1個份）
・不織布…米白色7.5×15 cm
　　　　　…黃色3×6cm
・車縫線…米色・黃色
・棉花

【吐司】　材料（1個份）
・不織布…米白色10×16 cm
　　　　　…米色3×14cm
・車縫線…米色
・棉花

【火腿】
・不織布…淺鮭魚粉色7×14 cm
・車縫線…米色

【起司】　材料（1枚分）
・不織布…奶油色6×12 cm
・車縫線…黃色

【漢堡用起司】
紙型→ B面材料（1枚分）
・不織布…奶油色7×14 cm
・車縫線…黃色

【荷包蛋】

1　製作蛋黃並接縫蛋白

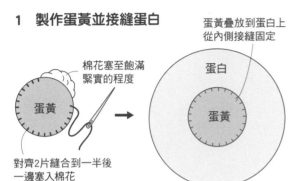

棉花塞至飽滿緊實的程度

蛋黃疊放到蛋白上從內側接縫固定

蛋白

蛋黃

對齊2片縫合到一半後一邊塞入棉花一邊繼續毛邊縫（黃色）

2　接縫蛋白

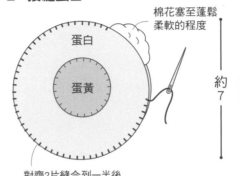

棉花塞至蓬鬆柔軟的程度

蛋白

蛋黃

約7

對齊2片縫合到一半後一邊塞入棉花一邊繼續毛邊縫（米色）

【吐司】

1　接縫切面和吐司邊

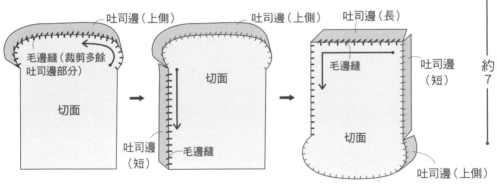

吐司邊（上側）　　　吐司邊（上側）　　吐司邊（上側）　吐司邊（長）

毛邊縫（裁剪多餘吐司邊部分）

切面

毛邊縫

切面

吐司邊（短）

毛邊縫

毛邊縫

切面

吐司邊（短）

吐司邊（長）

吐司邊（短）

毛邊縫

切面

吐司邊（上側）

約7

2　接縫另一片切面

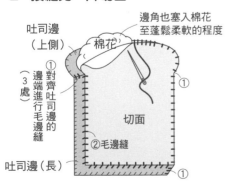

吐司邊（上側）

棉花

邊角也塞入棉花至蓬鬆柔軟的程度

①對齊吐司邊的邊端進行毛邊縫（3處）

切面

②毛邊縫

吐司邊（長）

①

①

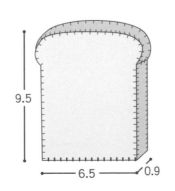

9.5

6.5　0.9

【火腿】

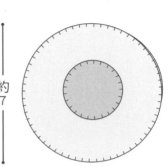

約7

對齊2片縫上一圈毛邊縫

【起司】

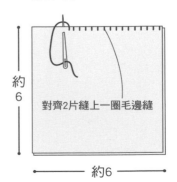

約6

對齊2片縫上一圈毛邊縫

約6

【切片小黃瓜】
材料（1枚分）
・不織布…檸檬黃色4×4 cm
　　　　　　深綠色4×3cm
・車縫線…綠色
・25號繡線…白色
・棉花

【切片番茄】　材料（1個份）
・不織布…紅色6.5×17 cm
　　　　　　深橘色4.5×9cm
・車縫線…紅色
・厚紙板…4.5×9cm
・棉花

【萵苣】　材料（1個份）
・不織布…亮黃綠色11×10 cm
・車縫線…亮黃綠色

【漢堡的萵苣】
紙型➡ B面
材料（1個份）
・不織布…亮黃綠色9×11 cm
・車縫線…亮黃綠色

【切片小黃瓜】

1 製作切面

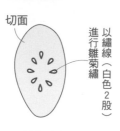

切面
以繡線進行雛菊繡（白色2股）
※製作2片相同部件

2 切面接縫小黃瓜皮

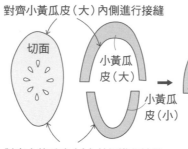

對齊小黃瓜皮（大）內側進行接縫
切面
小黃瓜皮（大）
小黃瓜皮（小）
對齊小黃瓜皮（小）外側進行接縫

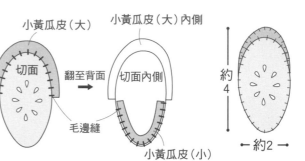

小黃瓜皮（大）
切面
翻至背面
小黃瓜皮（大）內側
切面內側
毛邊縫
小黃瓜皮（小）
約4
←約2→

3 接縫另一片切面

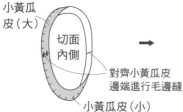

小黃瓜皮（大）
切面內側
對齊小黃瓜皮邊端進行毛邊縫
小黃瓜皮（小）

棉花
接縫另一片切面一邊塞入棉花一邊進行毛邊縫

【萵苣】

1 製作葉脈　※參考P.48

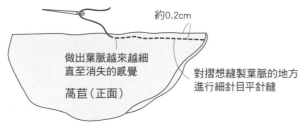

約0.2cm
做出葉脈越來越細直至消失的感覺
萵苣（正面）
對摺想縫製葉脈的地方進行細針目平針縫

2 縫合周圍

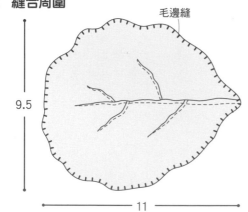

毛邊縫
9.5
11

【切片番茄】

1 製作切面

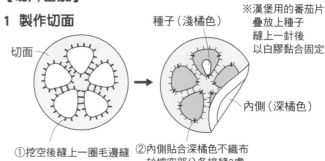

切面
種子（淺橘色）
※漢堡用的番茄片疊放上種子縫上一針後以白膠黏合固定
內側（深橘色）
①挖空後縫上一圈毛邊縫
②內側貼合深橘色不織布於挖空部分各接縫3處
※製作2組相同部件

2 接縫切面和側面

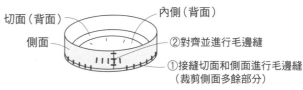

切面（背面）
內側（背面）
側面
②對齊並進行毛邊縫
①接縫切面和側面進行毛邊縫（裁剪側面多餘部分）

3 接縫另一片切面

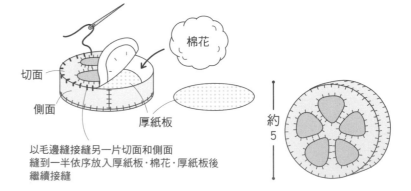

棉花
切面
側面
厚紙板
以毛邊縫接縫另一片切面和側面
縫到一半依序放入厚紙板・棉花・厚紙板後繼續接縫
約5

漢堡　PHOTO→ P.34　紙型→ B面

【漢堡麵包】　材料（1個份）
・不織布…紅色20cm正方形×2片
　　　…米白色16×8cm
・車縫線…紅棕色
・25號繡線…米白色
・厚紙板…22×8cm
・棉花
・工藝白膠

【漢堡肉】　材料（1個份）
・不織布…棕色20cm正方形×1片
・車縫線…棕色
・色鉛筆（黑）
・棉花

【切片番茄】　材料（1個份）
・不織布…紅色19×8cm
　　　…深橘色6×12cm
　　　…淺橘色2×10cm
・車縫線…紅色
・厚紙板…6×12cm
・棉花
・工藝白膠

【酸黃瓜】　材料（1個份）
・不織布…淺黃色3cm×6cm
　　　…黃綠色4×12cm
・車縫線…淺卡其色

【荷包蛋】　材料（1個份）
・不織布…黃色4×7cm
　　　…米白色18×18cm
・車縫線…黃色・米白色
・厚紙板…7×7cm
・棉花

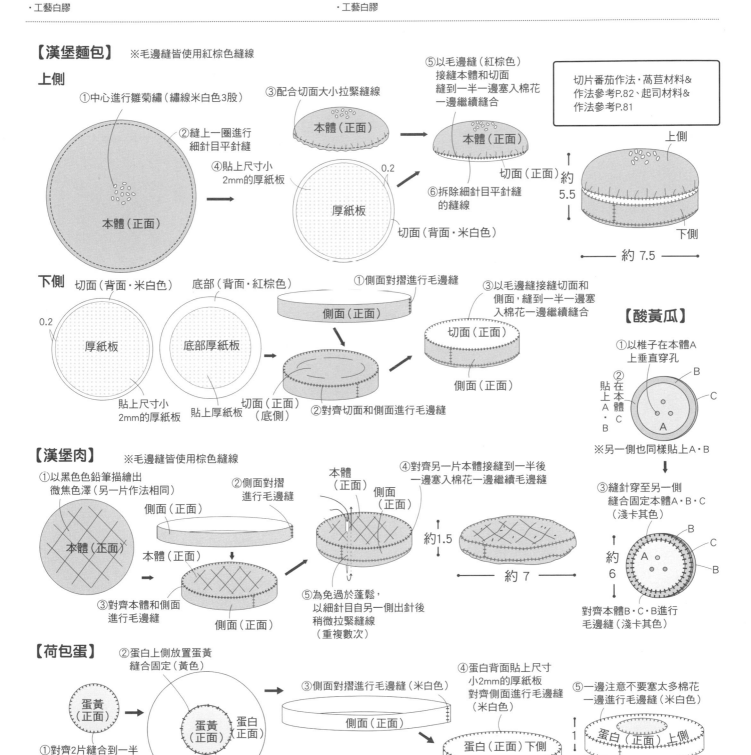

炸薯條　PHOTO→ P.34　紙型→ B面

【薯條盒】 材料（1個份）
・不織布…紅色20cm正方形×1片
・車縫線…紅色
・厚紙板…20×20cm
・直條紋布料…22×22cm

・0.4cm寬織帶…21cm
・工藝白膠

【炸薯條】 材料（9條份）
・不織布…奶油色20cm正方形×1片和11×20cm
・車縫線…黃色
・厚紙板…21×9cm
・棉花

・工藝白膠

【薯條盒】※毛邊縫皆使用紅色縫線

1 製作本體前後片

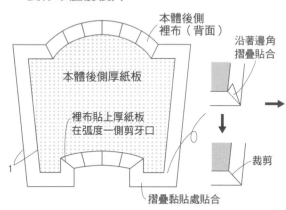

本體後側裡布（背面）
本體後側厚紙板
裡布貼上厚紙板
在弧度一側剪牙口
1
摺疊黏貼處貼合
沿著邊角摺疊貼合
裁剪

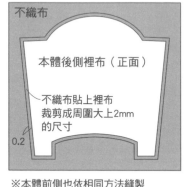

不織布
本體後側裡布（正面）
不織布貼上裡布
裁剪成周圍大上2mm
的尺寸
0.2
0.4
※本體前側也依相同方法縫製

本體後側裡布（正面）
3
0.4
本體前側（不織布）
以工藝白膠黏貼織帶
摺疊邊端貼合
前後對齊，連同內側裡布一起進行
單邊側面毛邊縫

2 製作底部

以美工刀在中央輕劃出褶痕（作為裡布側）
厚紙板
剪牙口
1
裡布貼上厚紙板
剪牙口後往內摺疊貼合
裡布（背面）
側面圖
裡布
不織布
縫針斜向插入挑起布料
底部（不織布）
貼上不織布並裁剪周圍後
於側邊進行毛邊縫

3 製作本體底部

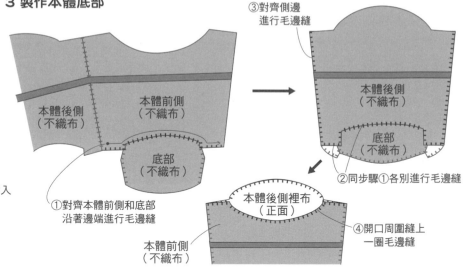

本體後側（不織布）
本體前側（不織布）
底部（不織布）
①對齊本體前側和底部
沿著邊端進行毛邊縫

③對齊側邊進行毛邊縫
本體後側（不織布）
底部（不織布）
②同步驟①各別進行毛邊縫

本體後側裡布（正面）
本體前側（不織布）
④開口周圍縫上一圈毛邊縫

【炸薯條】※毛邊縫皆使用黃色縫線　　※製作9條放進盒子裡

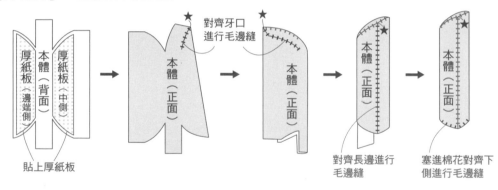

厚紙板（邊端側）
本體（背面）
厚紙板（中側）
貼上厚紙板

★
對齊牙口進行毛邊縫
本體（正面）

★
本體（正面）

★
本體（正面）
對齊長邊進行毛邊縫

★
本體（正面）
塞進棉花對齊下側進行毛邊縫

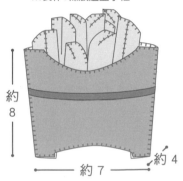

約8
約7
約4

杯裝飲料 PHOTO→ P.34　紙型→ B面

材料（1個份）
- 不織布…橘色16×10 cm
  　　　…淺橘色16×10 cm
  　　　…白色20cm正方形×3片
  　　　…內部/翡翠色‧紅棕色‧橘色各7×7cm
- 車縫線…橘色‧米白色
- 厚紙板…25×20cm
- 瓦楞紙…5.5×30cm
- 形狀保持材…24 cm
- 透明資料夾…3×3cm
- 直徑0.6cm吸管…1根
- 牙籤
- 工藝白膠

1 以厚紙板製作本體側面

黏貼處

本體A厚紙板

本體A厚紙板

重疊黏貼處
貼上膠帶貼合

本體B厚紙板

側面於內側重疊
上端對齊後以膠帶貼合

本體A厚紙板

上下顛倒

2 以不織布製作本體側面的內‧外側

外側（正面）

本體A厚紙板

②厚紙板
放置於內側

外側（正面）

①以毛邊縫（橘色）
顏色交錯接縫
8片不織布

對齊不同色系的
外側不織布進行
毛邊縫（橘色）

內側（正面）

摺雙

內側（正面）

③對摺並進行
毛邊縫（米白色）

內側（正面）

外側（正面）

放入內側不織布
接合上下側進行
毛邊縫（橘色）

3 製作底部

本體C
厚紙板

1.5

細針目平針縫

本體C厚紙板塗上白膠
貼到白色不織布上
裁剪成比本體C大1.5cm
在周圍縫上一圈細針目
平針縫（米白色）
後拉緊縫線

內側（正面）

工藝白膠

外側（正面）

收緊

放到本體側面之中
（底部至本體B厚紙板處）
在側面和底部接縫處塗上
白膠固定

4 製作杯內液面

內側（正面）

①本體內側塗上工藝白膠
放進5.5×30cm捲成圓
筒狀的瓦楞紙

③杯內液面底座的背面
塗上工藝白膠貼合至內側

②同底部方法製作杯內液面
底座，在中心以錐子鑽開一個
足以穿入吸管的孔洞
※從背面打個小孔做記號
再翻至正面鑽大孔洞

1.5

底座厚紙板

果汁面底座
不織布（白色）

※內部放置於
底座上側

5 製作杯蓋

杯蓋C

①對齊2片杯蓋C
進行毛邊縫（米白色）

②塞入透明資料夾邊角
完全包夾後
連同透明資料夾一起
接縫固定（米白色）

透明資料夾
（1片）

③沿著不織布裁
剪透明資料夾
※製作3個相同部件
※杯蓋作法參考P.51

杯蓋A周圍塗上白膠
從杯蓋側面的內側壓入其中

杯蓋A

杯蓋
側面

本體會在形狀保持材
處卡住固定

8

1.3

9

5

三角飯糰便當　PHOTO→ P.36　紙型→ A面

【三角飯糰】　材料（1個份）
・不織布…米白色7×15 cm
　　　　　…黑色2.5×7.5 cm
・車縫線…米白色‧黑色
・棉花

【熱狗】　材料（1個份）
・不織布…深橘色5×5 cm
　　　　　…淺鮭魚粉色3.5×1.5 cm
・車縫線…淺棕色
・工藝白膠
・棉花

【玉子燒】　材料（1個份）
・不織布…奶油色6×20 cm
・車縫線…米色

【三角飯糰】

1　接縫本體和側面

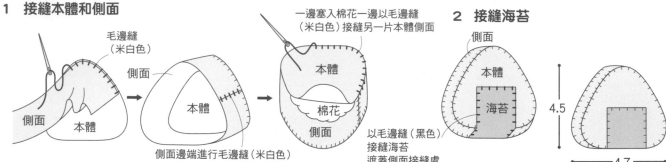

毛邊縫（米白色）
側面
側面
本體

側面邊端進行毛邊縫（米白色）

一邊塞入棉花一邊以毛邊縫（米白色）接縫另一片本體側面
本體
棉花
側面

以毛邊縫（黑色）接縫海苔遮蓋側面接縫處

2　接縫海苔

側面
本體
海苔

4.5
4.7

【熱狗】

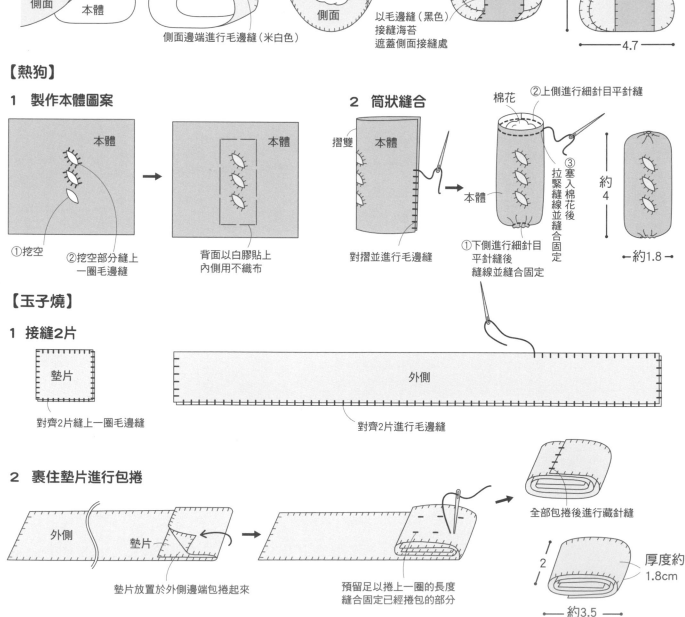

1　製作本體圖案

本體
①挖空
②挖空部分縫上一圈毛邊縫

本體
背面以白膠貼上內側用不織布

2　筒狀縫合

棉花
②上側進行細針目平針縫
摺雙
本體

本體
對摺並進行毛邊縫

①下側進行細針目平針縫後縫線並縫合固定

③塞入棉花後拉緊縫線並縫合固定

約4
約1.8

【玉子燒】

1　接縫2片

墊片
對齊2片縫上一圈毛邊縫

外側
對齊2片進行毛邊縫

2　裹住墊片進行包捲

外側
墊片
墊片放置於外側邊端包捲起來

預留足以捲上一圈的長度縫合固定已經捲包的部分

全部包捲後進行藏針縫

2
約3.5
厚度約1.8cm

【炸蝦】 材料（1個份）
・不織布…黃土色7×6cm
　　　　…深橘色4×4 cm
・車縫線…深米色・棕色
・棉花

【牛肉捲】材料（1個份）
・不織布…棕色6×20cm
　　　　…綠色3×3.5cm
　　　　…深橘色3×4cm
・車縫線…棕色・卡其色
・棉花

【煎餃】　材料（1個份）
・不織布…米白色6×6cm
・車縫線…米白色
・棉花

【炸蝦】

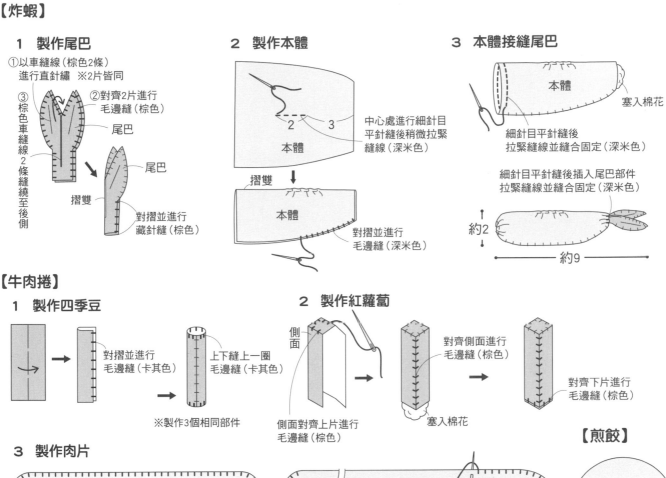

1 製作尾巴

①以車縫線（棕色2條）進行直針繡 ※2片皆同
②對齊2片進行毛邊縫（棕色）
③棕色車縫線2條繞縫至後側

尾巴

摺雙
對摺並進行藏針縫（棕色）

2 製作本體

本體
摺雙
本體

中心處進行細針目平針縫後稍微拉緊縫線（深米色）

對摺並進行毛邊縫（深米色）

3 本體接縫尾巴

本體
塞入棉花

細針目平針縫後拉緊縫線並縫合固定（深米色）

細針目平針縫後插入尾巴部件拉緊縫線並縫合固定（深米色）

約2
約9

【牛肉捲】

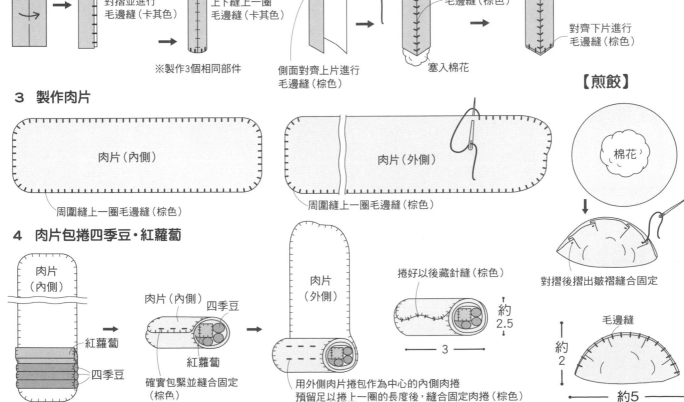

1 製作四季豆

對摺並進行毛邊縫（卡其色）
上下縫上一圈毛邊縫（卡其色）

※製作3個相同部件

2 製作紅蘿蔔

側面
側面對齊上片進行毛邊縫（棕色）
對齊側面進行毛邊縫（棕色）
塞入棉花
對齊下片進行毛邊縫（棕色）

3 製作肉片

肉片（內側）
周圍縫上一圈毛邊縫（棕色）

肉片（外側）
周圍縫上一圈毛邊縫（棕色）

【煎餃】

棉花

對摺後摺出皺褶縫合固定

毛邊縫
約2
約5

4 肉片包捲四季豆・紅蘿蔔

肉片（內側）
紅蘿蔔
四季豆

肉片（內側）
四季豆
紅蘿蔔
確實包緊並縫合固定（棕色）

肉片（外側）

捲好以後藏針縫（棕色）
約2.5
3

用外側肉片捲包作為中心的內側肉捲
預留足以捲上一圈的長度後，縫合固定肉捲（棕色）

草莓蛋糕　PHOTO→ P.38　紙型→ A面

材料（1個份）
・不織布…米白色13×13cm
　　　　…奶油色6×13cm
　　　　…淺粉色1×6cm
・車縫線…米白色
・厚紙板…8×7cm
・棉花

草莓　PHOTO→ P.38　紙型→ A面

材料（1個份）
・不織布…紅色4×7cm
　　　　…綠色2.5×2.5cm
・車縫線…紅色・卡其色
・25號繡線…黃色
・棉花

鬆餅　PHOTO→ P.39　紙型→ A面

材料（1個份）
・不織布…黃土色8×16cm
　　　　…米色9×18cm
　　　　…奶油色2×5cm
・車縫線…米色・黃色
・棉花

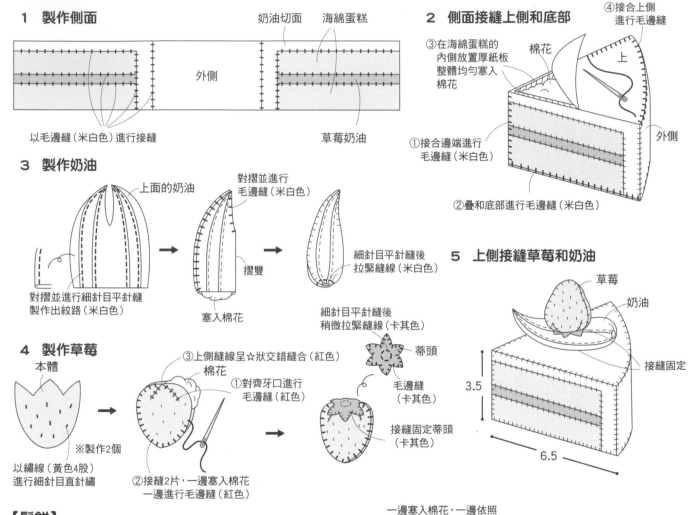

【草莓蛋糕】

1　製作側面

奶油切面　海綿蛋糕
外側
以毛邊縫（米白色）進行接縫
草莓奶油

3　製作奶油

上面的奶油
對摺並進行毛邊縫（米白色）
摺雙
塞入棉花
細針目平針縫後拉緊縫線（米白色）
對摺並進行細針目平針縫製作出紋路（米白色）

4　製作草莓

本體
※製作2個
以繡線（黃色4股）進行細針目直針繡

③上側縫線呈☆狀交錯縫合（紅色）
棉花
①對齊牙口進行毛邊縫（紅色）
②接縫2片，一邊塞入棉花一邊進行毛邊縫（紅色）

蒂頭
細針目平針縫後稍微拉緊縫線（卡其色）
毛邊縫（卡其色）
接縫固定蒂頭（卡其色）

2　側面接縫上側和底部

③在海綿蛋糕的內側放置厚紙板整體均勻塞入棉花
棉花
上
④接合上側進行毛邊縫
①接合邊端進行毛邊縫（米白色）
②疊和底部進行毛邊縫（米白色）
外側

5　上側接縫草莓和奶油

草莓
奶油
接縫固定
3.5
6.5

【鬆餅】

毛邊縫（米色）
側面
本體
※製作2片相同部件

本體
側面
接縫2片，一邊塞入棉花一邊進行毛邊縫（米色）
棉花

一邊塞入棉花，一邊依照①～③的順序進行毛邊縫（黃色）
奶油側面
奶油切面
①②③

奶油縫合固定至中心處
約8.5

甜甜圈組合　PHOTO→ P.40　紙型→ B面

【波堤/原味】　材料（1個份）
・不織布…黃土色18×18cm
・車縫線…芥末黃色
・棉花

【波堤/巧克力】　材料（1個份）
・不織布…深棕色10×10cm
　　　　　…棕色18×18cm
・車縫線…深棕色・棕色
・棉花

【波堤/草莓】　材料（1個份）
・不織布…淺粉色10×10cm
　　　　　…棕色18×18cm
・車縫線…淺粉色・棕色
・棉花

【歐菲香】　材料（1個份）
・不織布…淺棕色20cm正方形×1片
　　　　　…奶油色20cm正方形×1片
・車縫線…淺棕色・黃色
・厚紙板…10×20cm
・棉花
・工藝白膠

【波堤】

1 接縫較深的牙口部分後，接合下片接縫內側洞口

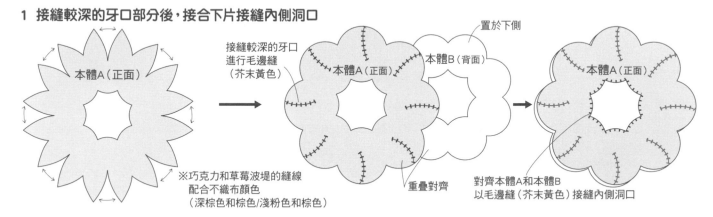

接縫較深的牙口
進行毛邊縫
（芥末黃色）

置於下側

本體A（正面）　本體B（背面）

本體A（正面）

※巧克力和草莓波堤的縫線
配合不織布顏色
（深棕色和棕色/淺粉色和棕色）

重疊對齊

對齊本體A和本體B
以毛邊縫（芥末黃色）接縫內側洞口

2 接縫外側

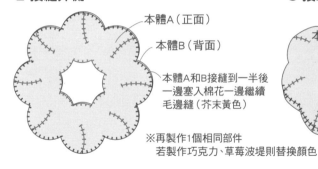

本體A（正面）

本體B（背面）

本體A和B接縫到一半後
一邊塞入棉花一邊繼續
毛邊縫（芥末黃色）

3 接縫2個部件

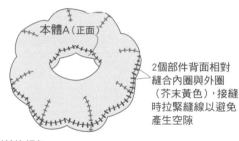

本體A（正面）

2個部件背面相對
縫合內圈與外圈
（芥末黃色），接縫
時拉緊縫線以避免
產生空隙

※再製作1個相同部件
若製作巧克力、草莓波堤則替換顏色

4 拉線製作出立體感

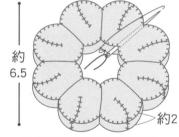

約6.5

約2

※上半邊縫線自外圈跨到內圈
出針後拉緊，下半邊也一樣重覆
上下穿針拉線（芥末黃色）

【歐菲香】　※組合縫法參考P.52

接縫各部件

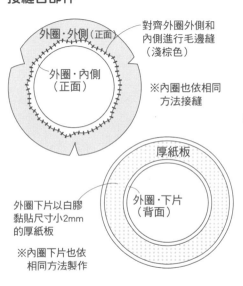

外圈・外側（正面）

外圈・內側（正面）

對齊外圈外側和
內側進行毛邊縫
（淺棕色）

※內圈也依相同
方法接縫

厚紙板

外圈・下片（背面）

外圈下片以白膠
黏貼尺寸小2mm
的厚紙板

※內圈下片也依
相同方法製作

<內圈>

①對摺並進行毛邊縫（淺棕色）

內圈・外側（正面）

內圈・內側（正面）

②接合並進行毛邊縫（淺棕色）

內圈・內側（正面）

內圈・下片（正面）

③下片接合另一側
進行毛邊縫（淺棕色）

內圈・外側（背面）

④縫上一圈毛邊縫
（黃色），縫到一半
一邊塞入棉花
一邊縫合

<外圈>

外圈・外側（正面）

①下片接合內側
縫上一圈毛邊
縫（黃色）

外圈・內側
（正面）

厚紙板

②周圍接合外側面
進行毛邊縫（淺棕色）

③毛邊縫（淺棕色）
到一半後，一邊
塞入棉花一邊縫合

外圈・外側
（正面）

④裁去多餘部分
進行毛邊縫（淺棕色）

外圈・外側面（正面）

【蜂蜜黃金圈】 材料（1個份）
・不織布…黃土色8×16cm
　　　　…奶油色20cm正方形×1片
・車縫線…芥末黃色・黃色
・色鉛筆（棕色）
・棉花

【吉拿棒】 材料（1個份）
・不織布…米色16×16cm
・車縫線…米色
・形狀保持材…27cm×6條
・棉花

【蜂蜜黃金圈】

1 為本體增添微焦色澤

本體（正面）

用棕色色鉛筆描繪微焦色澤
（另一片依相同方法製作）

2 製作內側和外側的側面

內側的側面（正面）

摺雙　　對摺並進行毛邊縫（黃色）

摺雙　　　　　外側的側面（背面）
　　　　　　　　　　　　　1.5mm

對摺並進行細針目平針縫（黃色）

↓

摺雙　　　外側的側面（正面）
　　　　　對摺並進行毛邊縫（黃色）

展開並將沒有縫線的那一面作為正面

3 接縫本體和側面

①對齊本體和內側的側面
　進行毛邊縫（芥末黃色）

內側的側面（正面）

約2.5

外側的側面（正面）

本體（正面）

約7

②對齊本體和外側的側面進行毛邊縫
　（芥末黃色）

※另一側縫到一半時，一邊塞入棉花
　一邊按步驟①②進行接縫

【吉拿棒】

1 接縫本體 ※皆使用米色縫線接縫

對齊2片進行毛邊縫

本體（正面）　　　　本體（背面）

2 摺疊凹陷部分，包夾形狀保持材縫合

摺疊凹陷部分，夾入長27cm的形狀保持材後
進行細針目平針縫
※總共來回重複6次
　　　　　　　　　　　　2～3mm　　形狀保持材

本體（背面）

對摺並縫合到一半後，一邊塞入棉花一邊繼續毛邊縫
※注意不要塞入過量棉花

3 對摺並塞入棉花縫合

形狀保持材

本體（正面）
仔細縫合以免露出形狀保持材

棉花

摺雙

4 彎成環狀並接縫固定

約7

約12

一邊微微扭轉
一邊彎折後
以縫針上下往返
穿針縫合固定

【法蘭奇/原味】 材料（1個份）
・不織布…奶油色20cm正方形×2片
・車縫線…黃色
・棉花

【法蘭奇/巧克力】 材料（1個份）
・不織布…奶油色20cm正方形×1片
　　　　…深棕色15×16cm
・車縫線…黃色・深棕色
・棉花

1 製作本體A（原味）

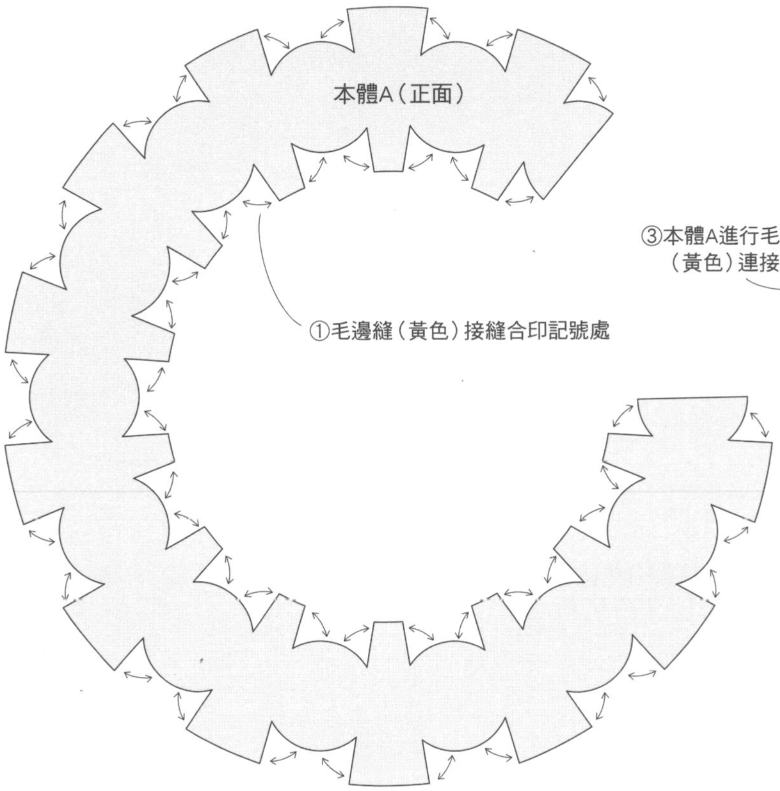

本體A（正面）

①毛邊縫（黃色）接縫合印記號處

（巧克力）

※先接縫巧克力醬和麵皮部分

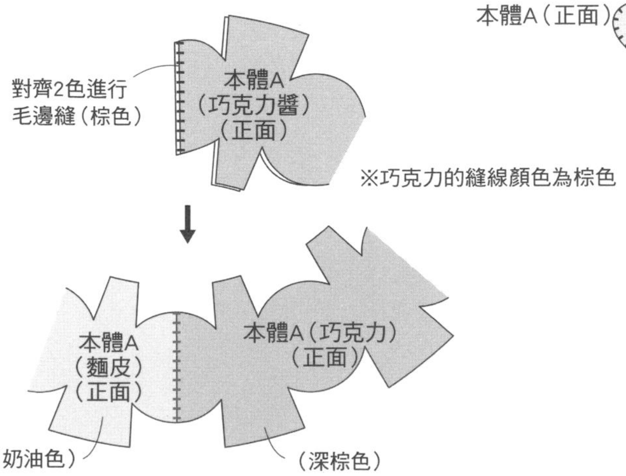

對齊2色進行
毛邊縫（棕色）

本體A
（巧克力醬）
（正面）

※巧克力的縫線顏色為棕色

本體A
（麵皮）
（正面）

本體A（巧克力）
（正面）

（奶油色）

（深棕色）

2 接縫本體A和B

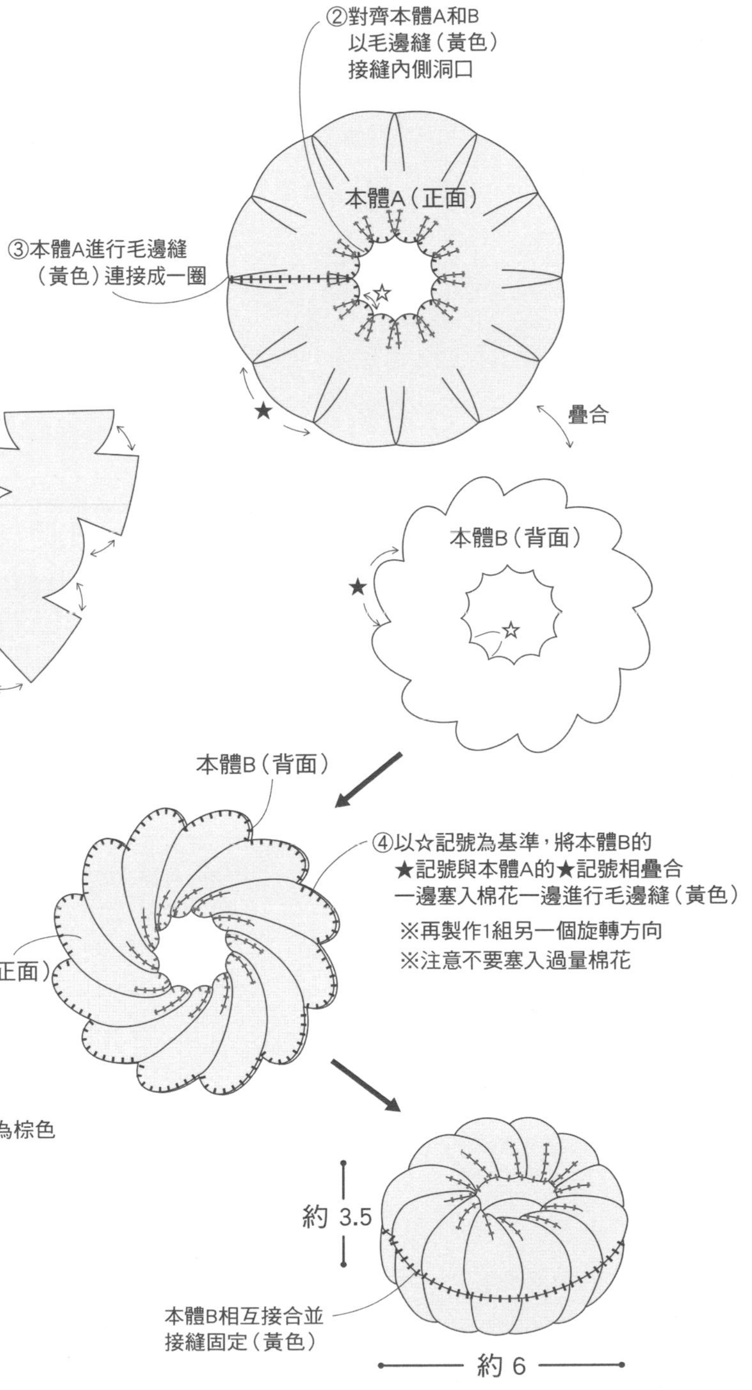

②對齊本體A和B
以毛邊縫（黃色）
接縫內側洞口

本體A（正面）

③本體A進行毛邊縫
（黃色）連接成一圈

★

疊合

本體B（背面）

★

本體B（背面）

④以☆記號為基準，將本體B的
　★記號與本體A的★記號相疊合
　一邊塞入棉花一邊進行毛邊縫（黃色）

※再製作1組另一個旋轉方向
※注意不要塞入過量棉花

本體A（正面）

約 3.5

本體B相互接合並
接縫固定（黃色）

約 6

甜甜圈盒　PHOTO→ P.40　紙型→ B面

材料（1個份）
- 不織布（外側）…深米色20 cm正方形×2片
  …深棕色20 cm正方形×2片
  …深橘色16×13 cm
  …棕色6×20cm
- 不織布（內側）…淺米色20 cm正方形×4片

- 車縫線…棕色‧米色
- 厚紙板…4×20 cm
- 牛奶盒…1公升大小×5盒
- 裝飾用布…1塊4×4 cm
- 工藝白膠

1 以牛奶盒製作底座

　　　　□…牛奶盒白色面　　■…牛奶盒印刷面　　━ ━ ━…山摺　　┄┄┄┄…谷摺

※A‧B‧E使用的是裁去底部和開口的原始牛奶盒長度

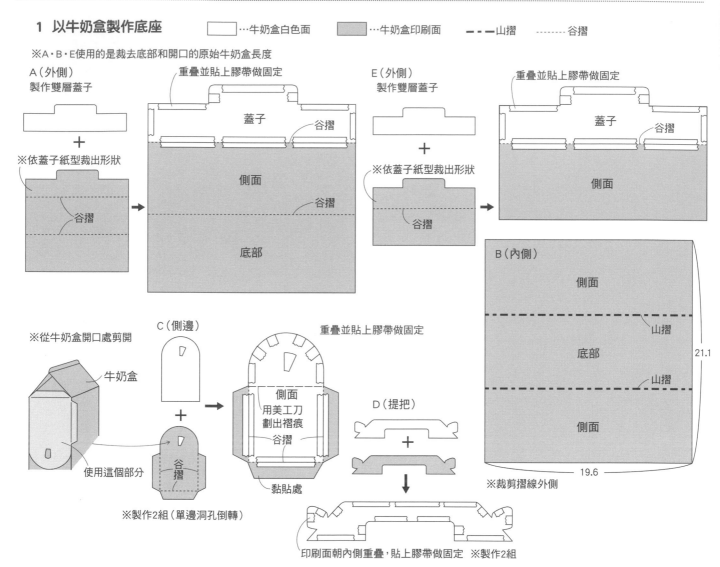

2 組合底座

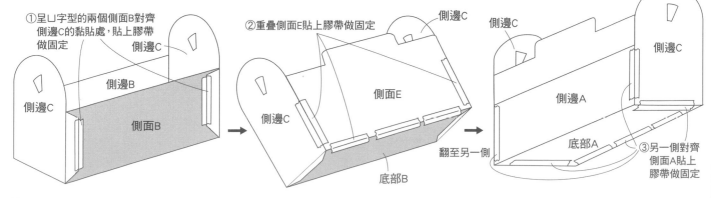

92

3 以不織布包夾底座做接縫　※以牛奶盒底座外側為模板，裁剪出相同尺寸的內外側不織布

外側…側面：米色2片　　底部…深棕色　　側面…深橘色2片
內側…皆米色

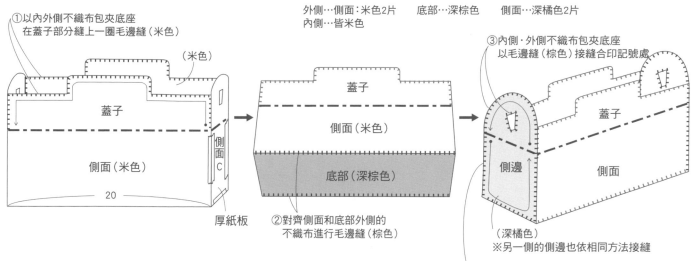

①以內外側不織布包夾底座
在蓋子部分縫上一圈毛邊縫（米色）

（米色）

蓋子

側面（米色）

側面（米色）

20

厚紙板

側面C

②對齊側面和底部外側的
不織布進行毛邊縫（棕色）

蓋子

側面（米色）

底部（深棕色）

③內側・外側不織布包夾底座
以毛邊縫（棕色）接縫合印記號處

側邊

蓋子

側面

（深橘色）
※另一側的側邊也依相同方法接縫

④側邊分別和側面及底部進行毛邊縫（棕色）
⑤將側邊和側面的內側不織布貼到牛奶盒裡面
⑥將底部的內側不織布貼到牛奶盒裡面

4 製作提把部分並接縫本體

提把（深棕色）

蓋子

內側・外側不織布包夾底座
在周圍縫上一圈毛邊縫（棕色）

對齊蓋子和提把
並縫合內側（棕色）

※另一側也依相同方法縫製

5 製作圖案接縫

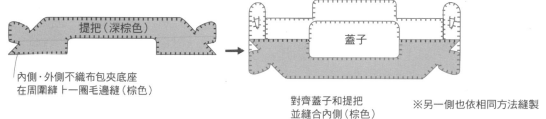

毛邊縫（棕色）

（棕色）

甜甜圈圖案

剪牙口

布（背面）

布（正面）

0.7

布片貼上厚紙板
在外側裁出7mm左右
的牙口

黏貼處往內摺並貼合

周圍縫上
一圈毛邊縫（棕色）

側邊

（深棕色）

用白膠黏貼到側邊
※另一側也一樣

甜甜圈用白膠黏貼上去

平均擺放4個甜甜圈以白膠貼合

放到側面以白膠貼合
在側邊及底部進行毛邊縫（棕色）

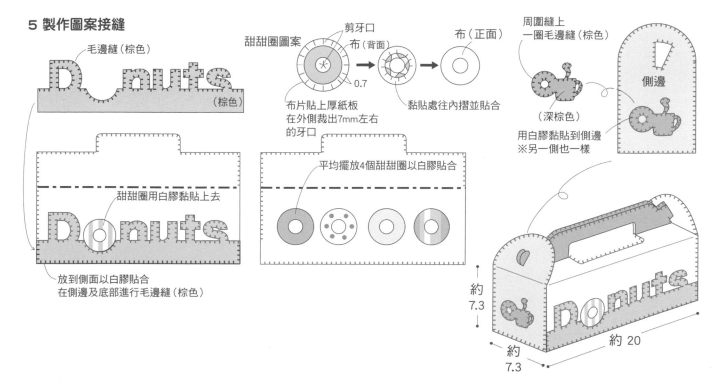

約
7.3

約
7.3

約 20

冰淇淋　PHOTO→ P.42　紙型→ A面

材料（1個份）
・不織布…各色10×20cm
・車縫線…配合不織布顏色
・25號繡線…適量
・強力磁鐵…各2個
・工藝白膠
・棉花

【冰淇淋】

冰淇淋種類　　　　　不織布顏色

哈密瓜……祖母綠色
薄荷巧克力……薄荷綠色（深棕色）
巧克力香蕉……奶油色（深棕色）
葡萄……淺紫色（紅紫色）
抹茶……黃綠色
柳橙……橘色
草莓……粉紅色
巧克力……棕色
香草……米白色
檸檬……黃色
（　）內為繡線顏色
※注意磁鐵兩極

1 製作本體

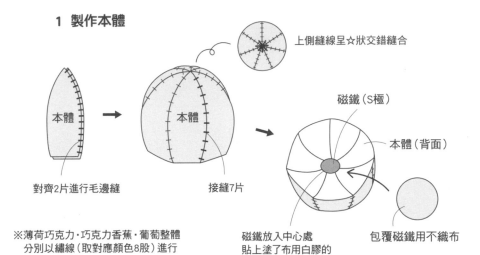

上側縫線呈☆狀交錯縫合

對齊2片進行毛邊縫

接縫7片

磁鐵（S極）

本體（背面）

磁鐵放入中心處
貼上塗了布用白膠的
包覆用不織布

包覆磁鐵用不織布

※薄荷巧克力・巧克力香蕉・葡萄整體
　分別以繡線（取對應顏色8股）進行
　細針目直針繡

2 製作底部

3 接縫本體和底部

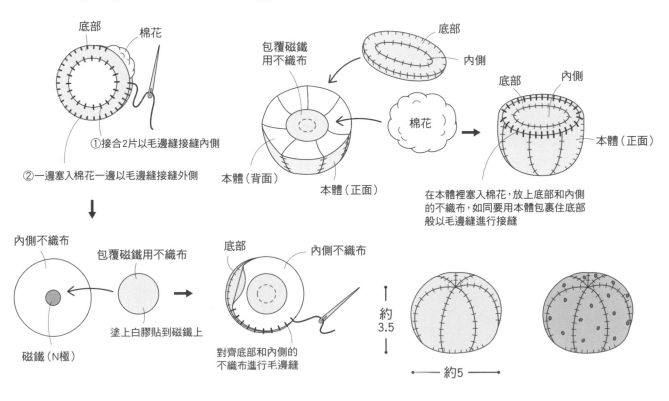

底部

棉花

①接合2片以毛邊縫接縫內側

②一邊塞入棉花一邊以毛邊縫接縫外側

內側不織布

包覆磁鐵用不織布

塗上白膠貼到磁鐵上

磁鐵（N極）

底部

內側不織布

對齊底部和內側的
不織布進行毛邊縫

包覆磁鐵
用不織布

底部

內側

本體（背面）

本體（正面）

棉花

底部

內側

本體（正面）

在本體裡塞入棉花，放上底部和內側
的不織布，如同要用本體包裹住底部
般以毛邊縫進行接縫

約3.5

約5

甜筒　PHOTO➡ P.40　紙型➡ A面

材料（1個份）
- 不織布…米色20cm正方形×2片
- 車縫線…深米色
- 強力磁鐵…1個
- 工藝白膠
- 棉花

【甜筒】

1 製作外側　參考P.49

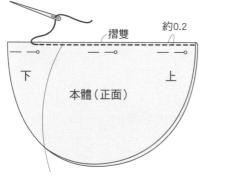

對摺並進行細針目平針縫

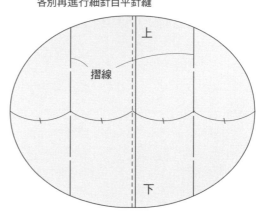

順著縫好的縫線分別左右對摺
各別再進行細針目平針縫

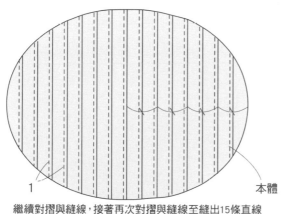

繼續對摺與縫線，接著再次對摺與縫線至縫出15條直線

先在橫向中央縫出1條線，再以此線為基準，
摺疊出呈正方形網格的間距並縫線，
依序一條條摺疊並縫合出橫向9條線。

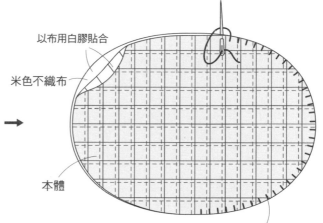

縫製完成的本體疊合米色不織布
裁剪成與外側相同尺寸並縫上一圈毛邊縫

2 製作底座

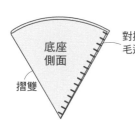

對摺並進行
毛邊縫

以白膠黏貼包覆
磁鐵用不織布

以布用白膠貼合

甜筒內側塗上白膠
包捲住底座
重疊邊端接縫固定

Profile
前田智美

大女兒出生之後，因緣際會接觸了不織布工藝，
自此開始了創作之路。
擅長以不織布素材搭配毛邊縫，
製作出簡單又富有質感的作品為其特色風格。
能夠組合出可愛圓潤成品的紙型也擁有很高的評價。

https://tomomi-maeda.com/books.html

STAFF

封面設計…堀江京子（netz.inc）
攝影…大島明子　白井由香里
　　　渡辺華奈（分解步驟）
視覺呈現…植松久美子
作法解說…吉田晶子
製圖…小崎珠美　大野フミエ　加山明子
編輯…浦崎朋子

國家圖書館出版品預行編目(CIP)資料

可愛又寫實的擺飾&玩具!我的手作不織布蔬菜與水果/前田智美
著;洪鈺惠譯. -- 初版. -- 新北市：Elegant-Boutique新手作出版
：悅智文化事業有限公司發行, 2021.09
　面；　公分. -- (趣.手藝；109)
ISBN 978-957-9623-72-8(平裝)

1.手工藝 2.裝飾品

426.77　　　　　　　　　　　　　　　　110012500

趣·手藝 109

可愛又寫實的擺飾＆玩具！
我的手作不織布蔬菜與水果

作　者／前田智美
譯　者／洪鈺惠
發 行 人／詹慶和
特約編輯／黃美玉
執行編輯／蔡毓玲
編　　輯／劉蕙寧·黃璟安·陳姿伶
執行美編／周盈汝
美術編輯／陳麗娜·韓欣恬
出 版 者／Elegant-Boutique新手作
發 行 者／悅智文化事業有限公司
郵撥帳號／19452608
戶　　名／悅智文化事業有限公司
地　　址／新北市板橋區板新路206號3樓
網　　址／www.elegantbooks.com.tw
電子郵件／elegant.books@msa.hinet.net
電　　話／(02) 8952-4078
傳　　真／(02) 8952-4084

2021年09月 初版一刷　定價 380 元

Zouhokaiteiban KAWAII YASAI TO FRUITS GA IPPAI (NV70520)
Copyright © Tomomi Maeda/ NIHON VOGUE-SHA 2019
All rights reserved.
Photographer: Akiko Ooshima, Yukari Shirai
Original Japanese edition published in Japan by NIHON VOGUE Corp.
Traditional Chinese translation rights arranged with NIHON VOGUE Corp.
through Keio Cultural Enterprise Co., Ltd.
Traditional Chinese edition copyright © 2021 by Elegant Books Cultural Enterprise
Co., Ltd.

經銷／易可數位行銷股份有限公司
地址／新北市新店區寶橋路235巷6弄3號5樓
電話／（02）8911-0825　　傳真／（02）8911-0801